DE QUÉ HABLAMOS CUANDO HABLAMOS DE
INNOVAR

Álvaro Pérez

El advenimiento de la tecnología inteligente,
explicado a gente con prisa

De qué hablamos cuando hablamos de innovar

Álvaro Pérez

ISBN de la edición en papel: 979-8-632-74302-0

ISBN de la edición digital: 978-1-71601-524-3

Primera edición: abril de 2020
Edición: Estefanía Fragoso Pérez
Diseño de portada: Rudy Muhardika

A los que creen en un mundo mejor para todos.

Índice

Prólogo

Este libro ofrece un panorama general de lo que es la innovación, su historia y las tecnologías más importantes que nos afectarán en los próximos años. Aunque se enfoca más en tecnologías intangibles que de manufactura, el elenco es amplio y heterogéneo: herramientas de *software*, metodologías ágiles, modelos de negocio, inteligencia artificial, patentes, innovación abierta, subvenciones públicas... El espacio es limitado y me he asegurado de marcarme un objetivo discreto. El libro abarca 250 páginas y se lee en promedio en unas cinco horas. Consecuentemente, su profundidad es limitada. Por ser amplio su ámbito e intentar adaptarse a todos los públicos, el nivel de detalle técnico es insuficiente para su implementación directa, pero debe servir para generar la curiosidad de continuar investigando en cada uno de los temas. Se divide en dos partes.

La primera explora la evolución humana hasta nuestros días e introduce a las nuevas formas de negocio que la digitalización ha habilitado en este siglo. Ataca conceptos básicos, como el pase de soportes analógicos a digitales o el descenso de las necesidades de capital para crear una empresa. En los últimos años, el mundo ha asistido a algunos fenómenos revolucionarios: la multitud conectada, los modelos de plataforma, la democratización de las tecnologías como *big data* o la nube. ¿Cómo afecta esto a la forma en que las compañías innovan y las personas se reinventan? ¿Cómo lo pueden aprovechar las nuevas generaciones? Todo lo antiguo enfrenta el mismo desafío: ¿cómo transformarse?

La segunda es pragmática y enfocada en el mundo de la empresa, pensada para quien trabaje en un corporativo y tenga la oportunidad de poner en práctica lo expuesto, pero interesante para cualquiera que desee entender el camino de las organizaciones hacia el mundo digital.

La innovación es clave para el buen desempeño y sostenibilidad de organizaciones y personas. A medida que las máquinas continúen aumentando su presencia en el trabajo, se hará preciso menos cantidad de gente. Es imprescindible armar la mezcla adecuada de estrategia, estructura, cultura y procesos, bajo el entendimiento de las nuevas herramientas, metodologías y tendencias tecnológicas.

Espero que lo disfrutes.

Teoría

El nacimiento de la tragedia

1

Entonces llegamos nosotros.

Según la tradición griega, Prometeo creó al hombre de la arcilla y le otorgó el fuego, símbolo de habilidad y autosuficiencia, por lo que sufrió la ira y el castigo de Zeus.

El mito de la creación humana a partir de cierto material, en particular barro, se repite en infinidad de otros credos. En Egipto, es Jnum; en el Gilgamesh mesopotámico, Enkidu. Lo mismo ocurre en las religiones americanas previas a la Conquista, tanto en los nativos del norte como los Incas con Huiracocha. El dios cristiano hizo a la mujer de la costilla del hombre, quien proviene del polvo, según Génesis 2:7, libro tomado de los judíos. Algo idéntico sucede en el Corán 15:26, donde Alá produce a Adán del barro. También encontramos el robo del fuego a lo largo de varias tradiciones mitológicas. Esto nos da una incipiente y paradigmática pista de lo que significa innovar: edificar sobre hombros de lo anterior.

Pero algo interesante asoma en la versión de Platón:

«Prometeo roba a Hefesto y a Atenea la sabiduría de las artes junto con el fuego (ya que sin el fuego era imposible que aquella fuese adquirida por nadie o resultase útil) y se la ofrece, así, como regalo al hombre» —Platón, *Protágoras, 320d-322a.*

Prometeo roba algo más que el fuego: roba la habilidad técnica, la capacidad de hacer las cosas por uno mismo, para la cual necesitamos colateralmente del fuego como herramienta. Lo valioso no es la

4

tecnología, sino el talento para crear. En la versión de Hesíodo, más antigua que la de Platón, Zeus se enfurece por el regalo prometeico y nos envía a Pandora —forjada por Hefesto de la arcilla—, primera mujer entre los hombres. Portadora, igual que Eva, de todas nuestras desgracias. En todas las versiones, el pillaje del titán Prometeo se ve como un desafío al poder encarnado en Zeus. ¿Será entonces que el ser humano ha desarrollado sus artes y técnicas a partir del hurto que los dioses quisieron prohibir? Ha innovado e ideado herramientas que le han facilitado la existencia y, en algunos casos, empeorado. ¿Y si Zeus tuviera razón? ¿Y si ese acto resultase tan maldito para nuestra especie como el mordisco que nos expulsó del Edén? Quizás esta desaforada hambre de innovación nos dirija a la extinción. Quizá la voracidad humana termine con nuestro planeta y, como sospechaba el Olimpo, lo mejor habría sido mantenernos alejados del fuego.

Lo cierto es que la historia del hombre refleja un complejo sistema de agregación de nuevas prácticas y métodos, desde las edades de Piedra y Bronce hasta nuestros días. Su existencia se halla íntimamente ligada a la búsqueda de nuevos retos. Si existe un sentido de la vida, el hombre no lo ha encontrado. Para luchar contra esa incertidumbre, otea al futuro constantemente, explora tierras inéditas dentro y fuera del planeta, trama originales métodos de conseguir las mismas viejas cosas.

Los restos arqueológicos indican que el *Homo erectus* conocía el fuego hace un millón y medio de años. Sabían manejarlo, pero ignoraban la forma de encenderlo, de modo que debían «cosecharlo» a partir de eventos de la naturaleza como rayos de tormenta, para luego conservarlo y reproducirlo en su uso doméstico. Los primeros métodos de generación parecen ser el rozamiento de un palo o cuerda contra madera seca o haciendo chocar dos piedras. El fuego fue descubierto, mas su aprovechamiento fue diseñado. Se transportaba mediante antorchas, uno de los artilugios más antiguos del cinturón de herramientas humanas.

El control del fuego permitió el desarrollo del hombre. Lo abrigó del frío y lo defendió contra bestias depredadoras. Los alimentos cocinados le ayudaron a absorber mejor sus nutrientes y a mejorar su sanidad. Hoy, en la época en que menos cocinamos para nosotros mismos, crecen imparables los programas de televisión sobre cocina. Algo nos sigue atrayendo de los fogones. Todavía hoy los aborígenes australianos bautizan a sus niños con fuego. Los ahúman al nacer. Quizá nos recuerde a cuando nos volvimos, por fin, humanos.

Literalmente, el fuego nos volvió humanos. Nos liberó de masticar interminables pedazos de carne cruda y chiclosas raíces vegetales. Respecto a sus antepasados, las especies de *Homo* desarrollaron una mandíbula más débil, unos dientes más pequeños y un cerebro mucho más grande. Pudieron por primera vez tener actividad nocturna gracias a la luz pírica. Junto al dominio del fuego nació la alfarería, posiblemente la primera de las artes humanas. Se han encontrado en África fragmentos de arcilla cocida de 1,42 millones de años de antigüedad. El colmo de Prometeo: el hombre ya trabajaba con barro antes de que Dios mismo lo crease a partir de él.

Las primeras historias de tradición oral del *Homo sapiens* surgieron alrededor de una hoguera. A pesar de la creencia de que el pulgar oponible y el encéfalo altamente desarrollado son factores diferenciadores que permiten reinar sobre las demás especies, el *Homo neanderthalensis* tenía un volumen encefálico mayor que los *sapiens*, y una mayor corpulencia. No es clara la relación evolutiva entre ambas especies, pero es seguro que *sapiens* se impuso al resto de especies del género *Homo* por su cerebelo más desarrollado y, gracias a él, su superior capacidad cognitiva y creativa. En particular, para contar historias. Las ficciones creadas por el hombre —desde mitos a convenciones económicas— han sido el rasgo diferenciador de nuestra especie. Otros animales pueden comunicarse, pero ninguno narra como hacemos los humanos. Iremos viendo a lo largo del libro hasta qué punto hemos sido capaces de tergiversar la realidad en pos de dramatizar un buen relato. Nos fascinan las historias. Gracias a ellas, hemos sido capaces de tejer lazos duraderos a través de generaciones o de crear *manadas* ficticias junto a millones de perfectos desconocidos, los que pertenecen a nuestro país o religión. No hallamos este rasgo sorprendente en ninguna otra especie en el reino animal.

Lo valioso no es el fuego, sino nuestra capacidad inventiva.

Hace 10.000 años termina la Edad de Hielo. Se expande la tierra fértil, el hombre pasa de cazar y recolectar a asentarse y desarrollar técnicas de cultivo: el regadío, el arado, la ganadería y la domesticación de animales para su uso productivo. Surgen las primeras civilizaciones en Mesopotamia y Egipto. La rueda aparece hacia el 3.500 a.C.

Se sabe que la rueda no fue una invención súbita, fruto de una genialidad eventual, sino una mejora continua de varios componentes que evolucionaron a lo largo de los años. Empezó con un tronco de árbol fungiendo a modo de rodillo, sobre el que se colocaba el objeto que se quería transportar. Entonces se empujaba hasta llegar a otro tronco, o se ataba con cuerdas y se deslizaba sobre una pista de rodillos.

Figura 1: evolución de la rueda.

En paralelo se concibieron contenedores en forma de trineo, llamados narrias, que facilitaban el transporte de los elementos por encima del rodillo. Las narrias se colocaron directamente sobre de los troncos, luego en estos se trabajaron ranuras a manera de carril en las que se hendían sus patines para mejorar la estabilidad. Pero el rodillo de madera seguía siendo macizo y pesado. El siguiente paso fue esculpir las ruedas, adelgazando la estructura del tronco hasta conseguir un eje delgado con «ruedas» macizas en el que se aposentaba la narria. El eje seguía perteneciendo a la misma pieza, hasta que por fin aparece la rueda según la conocemos: una parte redondeada e independiente que se encaja sobre el eje, que ya actúa de forma similar al palier de un automóvil. Los contenedores se siguen engastando directamente, hasta que aparecen los carros. La ruedas se adelgazan, haciéndolas huecas con radios de madera. Etcétera.

¿Llamaríamos rueda a dos circunferencias macizas, socavadas en un eje troncal? ¿Es acaso una rueda de carreta, con su buje y sus radios de madera, la misma cosa que la de una bicicleta, con sus cubiertas de goma y sus llantas de metal? ¿Cuál fue la innovación? ¿O fueron todas?

Más tarde llegan los griegos. Traen la filosofía, el molino, la cartografía. El modelo atómico nace en Demócrito, aunque con escaso rigor científico. El problema de los cuerpos irregulares, faltos de fórmula para calcular su volumen, es resuelto por Arquímedes midiendo la cantidad de agua desplazada, técnica que se sigue utilizando a día de hoy. Con esto se descubre la densidad de los cuerpos, clave para la ingeniería civil.

Los chinos inventan el papel, la seda, el primer instrumento para hacer cálculos aritméticos —el ábaco—, la brújula, los primeros artilugios para imprimir, siglos antes de Gutenberg. También la pólvora, y con ella toda la belleza de los fuegos artificiales y toda la maldad de las armas de fuego. Curiosamente, chinos, coreanos y japoneses adoptaron las armas de fuego tardíamente. Los portugueses llevaron las armas a Japón a mediados del siglo XVI. La isla llevaba sumida desde 1477 en una serie inacabable de guerras civiles, periodo conocido como *Sengoku*. Sin embargo, la pólvora no era algo desconocido para los japoneses, que se habían enfrentado a ella casi tres siglos antes, durante los dos intentos de invasión mongola, en 1274 y 1281. ¿Cómo es posible? Algunos autores hablan de un factor cultural. Los japoneses percibían la espada como símbolo de sus valores: artesanía, honor y respeto; y a las armas de fuego como todo lo contrario, una forma vergonzosa de matar. También es preciso considerar los diferentes enemigos que enfrentaron chinos y europeos y otra tecnología ampliamente desarrollada en Asia: la doma equina. En China, donde la principal amenaza provenía de la caballería nómada del norte y el oeste, las armas de fuego ofrecían pocas ventajas. Los arqueros eran mucho más precisos y mortales que los arcabuces y mosquetes, inútiles a caballo. Así pues, los chinos inventaron las armas de fuego, pero los europeos las perfeccionaron.

Todavía hoy, chinos, japoneses y coreanos cuentan con las leyes más restrictivas para el control de armas y uno de los índices de homicidios por armas de fuego más bajos del mundo[1].

Las primeras ciudades planeadas son de Pakistán y la India, sin embargo los romanos avanzan enormemente en la ordenación del territorio e introducen los acueductos, las primeras grandes obras de infraestructura vial y el hormigón armado. También la primera publicación similar a un periódico, llamada *Acta Diurna*, que se publica desde el 59 a.C. hasta el 222 d.C. Se trata de hojas de noticias políticas, juicios y campañas militares, escritas a mano y publicadas y circuladas diariamente.

Con la caída del Imperio Romano asoma el feudalismo, la Edad Media y con ella los altos hornos para fundir metales. Mientras los europeos se hunden en las sombras, del otro lado del Mediterráneo y hasta la península ibérica, el conocimiento florece entre los árabes musulmanes.

En el año 825, Al-Juarismi, de quien proviene el vocablo «guarismo», escribe un tratado de aritmética traducido al latín como *Algoritmi de numero Indorum*. De aquí obtenemos la palabra «algoritmo» en los idiomas romances. En este libro se describen los números indoarábigos, llamados así por su origen indio y su desarrollo posterior en el área del Magreb. Son los números que usamos hoy en día en prácticamente todo el mundo, incluyendo lugares sin alfabeto latino, como Rusia, China o Japón. Pero los símbolos no son lo interesante, sino su sistema. Se trata de una numeración en base 10 con notación posicional. Los griegos, egipcios y hebreos ya tenían sus propios sistemas numéricos, que consistían en aglomeraciones de signos que se sumaban. Al ir sumando, cada vez que se alcanzaba cierto valor era necesario inventarse un nuevo símbolo que lo representase. Los romanos introducen una novedad: las cifras que se colocan a la izquierda de otra mayor, restan. A la derecha, suman. Los numerales representan múltiplos de cinco y solo hay siete: I (1), V (5), X (10), L (50), C (100), D (500) y M (1000). Los demás son calculados. Por ejemplo, el numeral IV no simboliza *per se* el guarismo 4, sino que lo deducimos de restar 5 menos 1. Viceversa, la cifra 6 la calculamos de adicionar 1 a 5, pues el numeral menor está a la derecha: VI. Pero este sistema tiene un problema. ¿Cómo se escribe 1776? MDCCLXXVI. Necesitamos nueve símbolos o numerales para un número relativamente pequeño.

Varias civilizaciones habían desarrollado sistemas de notación posicional de forma independiente, incluyendo los babilonios, los chinos y los aztecas. Estos últimos usaban un sistema de base 20. ¿Por qué base 10 y por qué base 20? La explicación más sencilla la tenemos delante de nuestros ojos: los dedos que usamos para contar cuando todavía somos niños. Los aztecas también consideraban los de los pies. El mismo sistema usaban los mayas, quienes además habían concebido el número cero en paralelo a los indios durante los primeros años después de Cristo. Sin el cero, otras culturas con notación posicional debían dejar un espacio en blanco a la hora de escribir números como el 109, anotándolo como «1 9» y dando lugar a evidentes confusiones con el 19. Los babilonios usaban un sistema que puede parecer poco intuitivo, de base 60. Sin embargo, uno igual, sexadecimal, es el que usamos para medir el tiempo: 60 segundos son un minuto, 60 minutos una hora.

Las computadoras no tienen dedos pero también usan símbolos acordes a lo que pueden entender. Con ellas hablamos en un sistema en base 2, binario, con solo dos símbolos: el cero y el uno. Su forma de comunicarse consiste en impulsos eléctricos. Cero no es más que la representación de un mensaje: «no ha habido impulso eléctrico». El uno, lo contrario: «he notado un cosquilleo». Cada uno de estos símbolos numerales se llama un bit. ¿Pero cómo saben las computadoras si no ha habido un impulso o simplemente no ha llegado todavía? Se precisa marcar unos tiempos. Por ello, todos los microprocesadores tienen un reloj interno, cuya frecuencia se mide en hertz. Antiguamente se podía observar la velocidad del reloj en un indicador externo de los ordenadores de escritorio. Cuando un procesador funciona a 4 GHz, significa que ese chip está «escuchando» 4.000.000.000 de ciclos por segundo, cuatro mil millones de ceros o unos. Por pragmatismo, los programadores los apilan en notaciones de base 8 o base 16, como veremos más adelante cuando hablemos de direcciones IP.

Por asombroso que parezca, la notación posicional decimal no fue introducida en Europa hasta el siglo XIII, gracias al matemático italiano Fibonacci. La adopción total, sustituyendo a los números romanos, no llega hasta unos doscientos años después.

Al-Juarismi también introdujo el álgebra en su *Compendio de cálculo por reintegración y comparación*, en donde aborda por primera vez la resolución de ecuaciones de primer y segundo grado, y la aritmética. La influencia de los musulmanes es tan grande que muchos de los avances posteriores en Europa durante el Renacimiento, como el modelo heliocéntrico de Copérnico, beben de sus estudios[2].

El Renacimiento supuso la recuperación de Europa a través del arte y el retorno a las culturas griega y romana. Muchos de los edificios renacentistas que se pueden apreciar en la actualidad en Italia podrían pasar por edificaciones originales griegas o romanas. El arte surgía del tiempo libre y del dinero abundante, y este lo proveía el bullicioso comercio que las ciudades-estado italianas ejercían: Milán tenía armas, Florencia telas y Venecia y Génova eran conexiones neurálgicas con Asia por tierra y con los turcos por mar. Llegan por tanto las primeras aglomeraciones industriales. Incipientes concentraciones de capital en manos de mercaderes. También la imprenta, el microscopio, el telescopio y Leonardo.

Crecen vorazmente el comercio y la industria durante el Renacimiento. A pesar de ello, antes de las revoluciones industriales, todavía el 80% de la población se encargaba de la agricultura y ganadería para alimentarse a sí misma y al 20% de oligarquía restante. Hoy en día, menos del 2% de la población en los países desarrollados se dedica al sector primario[3]. Las formas productivas eran extremadamente manuales entonces. No fue hasta principios del siglo XVIII que esto comenzó a cambiar.

Las revoluciones industriales

Todas las revoluciones industriales se han caracterizado por una fuente energética novedosa, un proceso productivo diferente y una invención característica. La Primera Revolución Industrial ocurre hacia mediados del siglo XVIII con la mecanización y el descubrimiento de la máquina de vapor impulsada por carbón. Nace en Gran Bretaña, que goza por aquel periodo de una relativa y prolongada paz, y se extiende luego al resto de Europa. La industria textil es la primera afectada. Aparecen las máquinas de hilar y de tejer. La producción aumenta rápidamente y cada vez con menos personal. Ocurren también profundos cambios socioeconómicos y culturales: estos años asisten al nacimiento de la clase burguesa y el éxodo de la población rural hacia las ciudades, lo que da luz a una nueva clase obrera agrupada en suburbios que circundan las fábricas. Hasta ese momento, la densidad de habitantes era homogénea, y las urbes pocas, pequeñas y relativamente poco desarrolladas. De la observación minuciosa de sus condiciones de vida y de trabajo en las factorías inglesas escribiría Karl Marx en su obra *Das Kapital*, publicada en 1867.

La Segunda Revolución Industrial comienza a mediados del siglo XIX y finaliza con el estallido de la Primera Guerra Mundial. Se caracteriza por la introducción de la electricidad, el gas y el petróleo como pujantes fuentes de energía sobre el carbón. También por la sustitución del hierro por el acero y la línea de ensamblaje de Henry Ford. Este sistema se organizó teniendo en cuenta el modelo de Taylor, quien introduce el concepto de organización científica del trabajo. El taylorismo redujo toda improvisación en los modelos de producción, así como el número de decisiones que podía tomar un obrero en pos de la productividad. Se puede resumir en cuatro principios fundamentales: estudio científico del trabajo, es decir, medición precisa de cada proceso productivo; cambio de métodos según las conclusiones; selección sistemática del obrero según sus aptitudes y entrenamiento acorde; y colaboración entre patrones y obreros.

El taylorismo funciona, los avances son asombrosos, pero tiene altos costos humanos. En esta época emergen las primeras preocupaciones por el desempleo tecnológico que sobreviven hasta nuestros días —iremos viendo cómo la innovación y los derechos sociales son dos caras íntimamente relacionadas de la misma moneda—. El movimiento obrero, que había aparecido con los últimos coletazos de la Primera Revolución Industrial, se intensifica. La primera huelga general moderna ocurre en Inglaterra en 1842. La preceden otras de ámbito local, como la ocurrida en Filadelfia en 1835, que finaliza con la reducción de la jornada laboral a diez horas. En Bélgica ocurren cuatro en siete años: 1886, 1887, 1891 y 1893. En España, la convocada por los sindicatos en 1909 deriva en la «Semana Trágica», con 78 muertos. Argentina también tendría su «Semana Trágica» diez años después, con 700 bajas.

Taylor publica su obra en 1911. Las huelgas de protesta se intensifican en los Estados Unidos entre 1912 y 1913. El impacto de su obra se resume en una frase de Lenin: «el tema más discutido hoy en día en Europa, y hasta cierto punto en Rusia también, es el sistema del ingeniero estadounidense Frederick Taylor»[4]. Ante el avance sindicalista, Taylor se defiende: «existe la falsa creencia de que el aumento de la producción conlleva desempleo. Son los malos sistemas de administración los que obligan al obrero a limitar su producción. Pues, cuando él incrementa su ritmo de trabajo, el patrón se las arregla para no aumentar su salario. Existen métodos de trabajo desastrosos que desperdician los esfuerzos de los obreros. Los patrones son responsables de cambiar los procedimientos, según el segundo principio. Si la remuneración de cada empleado se relacionara con su productividad, su rendimiento aumentaría significativamente». Esto dice Taylor, pero al parecer, nadie le hace caso.

El siglo XX prosigue con extraordinarios avances sociales e industriales. Pero los mismos recelos de antaño siguen vigentes hoy, rejuvenecidos bajo el concepto de «taylorismo informático»[5], las críticas a la globalización y al neoliberalismo. La sociedad del conocimiento, propia de la actualidad, se organiza bajo el mismo prisma científico que aplicó Taylor a la sociedad artesanal preindustrial. Se deben someter tareas a priori no automatizables al mismo proceso de medición, codificación y mecanización.

Por fin, la Tercera Revolución Industrial nos trae la energía nuclear; la aparición de la electrónica, la Ley de Moore y el desarrollo acelerado de los microprocesadores; y la primera e incipiente robótica mecánica, que facilita la manufactura fabril. Para muchos autores, aquí nos quedamos. Por ejemplo Jeremy Rifkin, quien concentra la Tercera con la época actual, caracterizada por la digitalización. Otros insisten en que vivimos en una Cuarta Revolución Industrial, gracias al progreso imparable de las tecnologías de telecomunicaciones inalámbricas, la aparición de Internet y de la Inteligencia Artificial. (Faltaría aquí, tal vez, una fuente energética nueva. Quizá pronto adopten este rol las renovables: solar, hidráulica, eólica, biocombustibles, el hidrógeno, que todavía no han conseguido sustituir a las fósiles.) Es un término usado más frecuentemente en Europa e ideado por Klaus Schwab por primera vez en el Foro Económico Mundial de 2016.

Sea como fuere, estamos sufriendo profundos cambios en el modo de producción manufacturera y, como ocurrió en las anteriores revoluciones, también transformaciones sociales y políticas que necesitan ser entendidas, atendidas y legisladas adecuadamente.

Antes de cerrar la sección, parémonos un instante a explicar y analizar las consecuencias de la Ley de Moore. Para lo cual comenzaremos no por su enunciador, Gordon Moore, sino por Douglas Engelbart.

La historia de Douglas es asombrosa. Inventor del ratón y precursor en campos como el procesamiento de texto, las interfaces gráficas de usuario y uno de los pioneros en el desarrollo de los hiperenlaces, varios años antes del nacimiento de internet. Como filósofo de la tecnología, Engelbart introdujo hace décadas muchos conceptos que se exponen en este libro: inteligencia colectiva, agilidad, innovación radical... La Ley de Engelbart enuncia que la tasa intrínseca del rendimiento humano es exponencial, concepto clave para hablar de la sociedad tecnológica actual.

Douglas Engelbart había devorado la obra de Vannevar Bush. En uno de sus artículos, llamado *Como podríamos pensar* —«como», sin tilde—, Bush describía el concepto de *Memex*, un artilugio que permitiría acceder a todo el conocimiento de la humanidad. Estamos hablando del año 1945, cuando se viajaba durante días para consultar un único documento. Una máquina que permitiese acceder a cualquier información era algo utópico. Pero Engelbart, que tenía 20 años y ni siquiera había terminado todavía sus estudios de ingeniero eléctrico, se quedó reflexionando al respecto y desarrolló varias de sus invenciones sobre el concepto de *Memex*.

Quince años después ofreció una presentación en Filadelfia. Comenzó así: «¿qué pasaría si todo en este auditorio fuese 10 veces más grande?». Nadie contestó, aunque sabemos la respuesta. Moriríamos hundidos por nuestro propio peso. El motivo es que, a mayor talla, el volumen no escala linealmente, sino en una potencia de tres. Pensemos en King Kong, personaje no solo ficticio, sino inviable físicamente. Aunque podamos apreciar en libertad y cautiverio su versión reducida, el gorila, King Kong es tan imposible como un muerto viviente o el conde Drácula. El más modesto, el original de 1933, medía seis metros. El de 2017, treinta y dos. Con un aumento de uno a dos metros de altura deberíamos esperar unas ocho veces su masa. Duplicar la talla, en otras palabras, no significa duplicar el volumen. El volumen no solo tiene en cuenta la talla, sino también el ancho y el área de superficie. Sin embargo, la capacidad de los huesos y los músculos depende de su área transversal. Se necesitarían músculos y huesos más grandes para mantener en pie a semejante animal. Esta es la razón de que solo encontremos animales con estructuras de soporte delgadas, como las arañas, en tamaños reducidos. Si estabas pensando en un avestruz, comprueba antes la dimensión de su cadera ósea. Las rodillas de un gorila de 32 metros de altura se desintegrarían ante su propio peso.

Figura 2: el artículo publicado por Bush.

«Pero lo interesante —prosiguió Engelbart— sería razonar exactamente al contrario: ¿qué pasaría si nos redujéramos 10 veces?». Seríamos hormigas con una fuerza hercúlea en relación a nuestro tamaño. Saltaríamos decenas de metros como las pulgas. En relación a su tamaño, los insectos son mucho más rápidos que el más rápido de los mamíferos. Si pudiese tener el cuerpo de un humano de un metro ochenta y cinco, la mosca común se movería a unos 1.300 km/h[6].

Lo mismo —y aquí llega la idea subversiva— se podría aplicar a los microchips: a escala micro, las propiedades cambian. Podríamos crear circuitos con capacidad de cálculo enormes.

En esa misma sala se encontraba Gordon Moore, que por entonces raspaba la treintena. Al parecer, él lo entendió. Ese fenómeno es exactamente lo que ha ocurrido con los circuitos integrados desde los años 60 hasta hoy. Cinco años después, Gordon formuló la Ley de Moore. Tres más tarde, fundó con Robert Noyce la Intel Corporation, mayor productora de microprocesadores del siglo pasado y todavía de este. La Ley de Moore expresa que aproximadamente cada dos años se duplica el número de transistores en un microprocesador[1]. Esto quiere decir que, a igual tamaño, la potencia de cálculo se duplica; o que podemos mantener la misma potencia reduciendo el espacio a la mitad. Esto ha permitido la aparición de ordenadores portátiles cada vez más finos y de teléfonos móviles cada vez más potentes y delgados. Los costos de los chips se han reducido vertiginosamente y con esto se ha abierto la caja de Pandora de la innovación. La tecnología digital será cada vez más asequible. Su adopción, cada vez más rápida.

Breve historia de las necesidades de capital

Volvamos por un momento en el tiempo para hablar de la empresa más grande de la historia, medida según su capitalización bursátil. Se fundó en el siglo XVII y desapareció en 1799. Se trata de la Compañía

---

[1] La Ley de Moore ha sufrido una ralentización en la década de los 2010 y posiblemente acabe por saturarse en la de los 2020.

El nacimiento de la tragedia

Holandesa de las Indias Orientales —VOC, en su acrónimo holandés—. Fue, en realidad, una concesionaria de los Países Bajos, país hasta pocos años antes bajo dominio español y todavía en guerra con ellos. Su misión era ejercer, bajo régimen de monopolio estatal, el comercio con Asia. Flandes era una región emergente y el comercio, en particular en el Océano Índico, comenzaba a ganar mayor importancia con el desarrollo naval.

Durante la guerra, los españoles tomaron Amberes, hasta entonces capital de la nueva nación holandesa. El Duque de Parma concedió dos años a sus pobladores para que la abandonaran. Esto supuso el ascenso de un nuevo centro económico y comercial en Europa: la ciudad de Ámsterdam. Allí fue donde a partir de 1597 se empezaron a formar pequeñas compañías y a fletar barcos hacia las colonias holandesas en las Indias Orientales, principalmente Indonesia. Cuatro naves en 1597, veintidós en 1598, sesenta y cinco en 1601. La VOC fue una fusión de seis de estas pequeñas compañías por imposición del Estado. A cambio, se les concedió el monopolio para el comercio con las islas asiáticas.

Comerciar en el Índico parece más sencillo sobre el papel de lo que en realidad era. Los portugueses estaban presentes en la zona y los ingleses empezaban a expandirse. En 1601, Holanda era una unión de siete provincias cuyas Cortes Generales se encontraban en La Haya. La VOC era gobernada por un consejo general de 17 miembros —Heeren XVII—, divididos en seis ciudades. En la práctica, las comunicaciones eran tan lentas y la necesidad de acción tanta, que la VOC operaba de forma soberana, eso sí, apalancándose sobre el poderío militar holandés. En 1619 conquistaron Yakarta y la rebautizaron como Batavia. Ahí instalaron la capital neurálgica de su comercio oriental. En el mismo año se fundó la compañía hermana, la WIC, para atender las Indias Occidentales, que abarcaban prácticamente todo al oeste de la India, incluyendo América. Durante los siguientes cincuenta años, la VOC y la WIC desencadenaron una auténtica guerra mundial contra ingleses, españoles y portugueses en América Latina, África occidental y oriental, el Golfo Pérsico, India, China y las Indias Orientales. Hacia finales de siglo habían desplazado completamente a los portugueses de Asia y tenían asentamientos desde las islas Mauricio hasta Japón.

Para los holandeses, invertir en el comercio de ultramar era natural. El poderío financiero se reflejaba sobre todo en la tasa de interés: mientras los holandeses tomaban prestado a un 4%, los ingleses lo hacían al 10%. Esto les permitía una mayor capacidad de inversión. Además de fundar la primera bolsa de valores, fueron pioneros en muchos otros instrumentos financieros: carteras diversificadas, en donde los ciudadanos podían invertir pequeñas porciones en varios navíos mercantes, en lugar de todo en uno solo; o mercados de futuros sobre el precio de las especias. El fruto de aquel comercio todavía hoy se puede apreciar paseando por los canales de Amsterdam, en donde la mayoría de sus casas típicas fueron construidas durante el siglo XVII.

La VOC fue una *superempresa*: podía acuñar su propia moneda, declarar la guerra con respaldo del ejército de Flandes y colonizar tierras. También fue la primera en publicar sus estados financieros y la precursora de la primera bolsa de valores, fundada en 1620 con el objetivo de levantar capital para los viajes mercantiles de sus buques. Hacia la década de 1630, sus activos fijos declarados y ajustados por inflación a día de hoy superaban por mucho a los de Amazon, Microsoft, Google, Apple, Facebook y Alibaba juntos. He nombrado estas firmas por fama, aunque lo cierto es que la organización más grande por activos hoy en día no es ninguna de esas, sino la saudí Aramco, que gestiona el petróleo nacional de su país. Todavía una buena parte de las mayores compañías en la actualidad son petroleras. De igual forma, muchas de las compañías que se asemejaron a la VOC en tamaño lo hicieron también en actividad, como la Mississippi Co. o la South Sea Co. Primero fue el comercio de ultramar; luego, durante el siglo XIX, los bancos y las minas; finalmente las petroleras. Ahí se hacían las mayores empresas y también las mayores fortunas.

El comercio de ultramar, los bancos, las minas, las petroleras… hay algo en común en todas ellas: se necesitan enormes cantidades de capital para fundarlas y ponerlas en marcha. Así ha sido durante toda la historia del hombre, desde el protocapitalismo feudal hasta nuestros días. Todas las empresas mencionadas, y en general las que poseen activos físicos de capital intensivo, necesitan cantidades colosales de dinero para existir y subsistir. ¿Quién es capaz de desplegar fibra en un país, quién de construir autopistas, cuántas personas pueden por sí mismas financiar la obra de una central de cogeneración eléctrica? Pero algo está cambiando, poco a poco, al respecto. Algo que, en los últimos años ha permitido lo que era inimaginable para la generación de nuestros abuelos. Tan solo fijémonos en las nuevas estrellas en la constelación: sociedades de *software* creadas por unos pocos sujetos, con pocas herramientas más allá de un ordenador y algo de capital.

No hace falta echar la vista demasiado atrás: en el año 2006, los seis nombres más valiosos por capitalización de mercado eran Exxon Mobile, General Electric, Microsoft, Citigroup, BP y Shell. Tres petroleras, un banco, un polifacético conglomerado —especie en extinción— tremendamente diversificado a lo largo de muchas décadas, y una sola firma de *software*, Microsoft. Diez años más tarde, el mismo ranking lo copaban Apple, Google, Microsoft, Amazon, Exxon y Facebook. Dos de seis empresas se mantenían, una sola petrolera, el resto tecnológicas. Apple, la más antigua, fue iniciada con un capital equivalente a unos 350 mil dólares de 2020 y un préstamo de Mike Markulla de unos 800 mil dólares. El capital semilla para fundar Amazon, en 1994, provino de los padres de Jeff Bezos. Google nace de un proyecto de doctorado y se intentó vender por 750 mil dólares en 1999. Zuckerberg, Moskovitz, Chris Hughes y Eduardo Saverin empezaron Facebook sin capital inicial en febrero de 2004, aunque con una valiosa red de alumnos de las universidades de Harvard, Stanford, Yale y Columbia. Apenas un semestre después, recibían medio millón de Clarium Capital.

Los avances y logros tecnológicos actuales permiten a individuos sin un brutal respaldo financiero, o por lo menos con unas necesidades de capital mucho menores que en siglos anteriores, crear empresas y generar enormes ingresos sin activos fijos. Así es el archifamoso ejemplo de los Uber, empresa de transporte que no posee automóviles; Facebook, líder en contenidos, pero que no tiene generadores de contenido en plantillas; o Airbnb, mayor servidor hostelero que no tiene hoteles ni edificios en propiedad. Estas empresas utilizan una horda de clientes en línea para escribir, diseñar, transportar, alojar o construir.

Un dato más, por si las dudas: la vida media de las mayores

empresas se ha disminuido drásticamente. En 1958, era de 61 años para las empresas del índice estadounidense S&P 500. Hoy es de alrededor de 15 años.

¿Qué ha pasado?

La digitalización

Los nativos digitales son sujetos que han vivido siempre rodeados de tecnología. La denominación de *millenials* se la ganan, para la mayor parte de fuentes, los concebidos a partir del año 1981. Salvo por razones socioeconómicas, todos los *millenials* han crecido entre computadoras personales. Para ellos, teclear es tan natural o más que escribir a mano. Y la diferencia se siente más fuerte entre quienes manejaron internet desde niños, los nacidos en la década de los 90 y posteriores. Hoy en día los niños se crían con tablets. Empiezan a usarlas cuando ni siquiera han aprendido a hablar. Mientras tanto, los pertenecientes a dos o tres décadas antes tuvieron que pasar por un periodo de adaptación a la tecnología informática.

En las organizaciones ocurre lo mismo. Las tenemos oriundas de un entorno digital; y encontramos las que ya tienen la edad de los abuelos, teclean usando solo los dedos índices y entornan los ojos ante la pantalla, sin terminar de entender cada vez que aparece un mensaje de error. El término *transformación digital* captura bien la necesidad que tienen estas firmas: una cierta metamorfosis, un cambio entre un estado anterior y uno futuro. De ahí, *transformación*. También la participación de la tecnología, por eso *digital*. No basta con adaptarse, necesitan realmente mutar desde lo más profundo. Para un adulto, variar sus hábitos es difícil, pero en muchos casos es suficiente con aclimatarse parcialmente. En el caso de las empresas, reformarse hasta el fondo es inevitable.

Los niños de hoy, esos nativos digitales, tienen serias dificultades para entender cómo funciona un gramófono o una cadena de música que lea cassettes. Pero hasta entrados en el siglo XXI, la mayor parte de la información mundial se conservaba todavía en formato analógico: cintas, vinilos, videocassettes. ¿Cuál es la diferencia? En la tecnología analógica, la onda se registra o utiliza en su forma original. En una grabadora se toma la señal directamente del micrófono y se coloca en la cinta. Esa grabación se lee, amplifica y envía a un altavoz para producir el sonido. Eso es exactamente lo que ocurre en un gramófono.

En contraste, en la tecnología digital, la onda analógica se muestrea en algún intervalo y luego se convierte a números —ceros y unos, de ahí el término digital, del inglés *digit*—. Estos bits se almacenan en el dispositivo digital. En un *compact disc*, la frecuencia de muestreo es de 44.100 muestras por segundo, o sea 44.100 Hz. Es decir: en un CD viven 44.100 trozos de números o bits almacenados por segundo de música. Normalmente, son pedazos de 16 bits, suficientes para representar la amplitud de onda. Y, en grabaciones estéreo, se almacena una muestra para el altavoz izquierdo y otra para el derecho. Eso da como resultado 1.411.200 bits o 176 kilobytes por segundo[2]. Al escuchar, los números se convierten en una onda de voltaje que se aproxima a la onda original (ver figura 3).

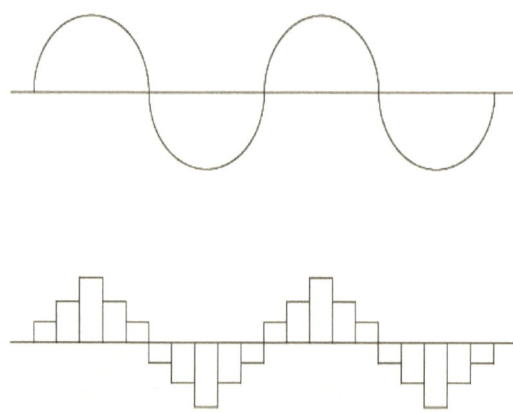

Figura 3: señal analógica y su equivalente digital. La anchura de las columnas representa la frecuencia de muestreo.

Como el lector perspicaz habrá notado, la conversión digital supone pérdida de calidad, pues estamos representando con menos números y

---

[2] Un byte son 8 bits por convención histórica. Los primeros ordenadores funcionaron también con bytes de 4, 6 o 9 bits.

precisión lo que la onda analógica está expresando. Cuando digitalizamos, convertimos una onda continua en trocitos pequeños de una representación no continua —tan minúsculos que encontramos 44.100 en un solo segundo—. Es tanta la precisión de la tecnología actual que no existe diferencia entre una grabación analógica y una digital, al menos no una diferencia perceptible por el oído humano. Aunque los nostálgicos siempre preferirán el vinilo.

Las señales digitales admiten algo más: su compresión. La digitalización en sí misma es una forma de compresión, convierte una señal continua en porciones. Pero además, existen algoritmos capaces de detectar patrones en el haz de ceros y unos que compone la señal y reducir el número de dígitos necesarios para representar lo mismo, o algo muy parecido, dependiendo del nivel de compresión.

El algoritmo de compresión más famoso de todos los tiempos es quizás el MP3, desarrollado por Fraunhofer en Alemania hacia finales de los años 80 y licenciado posteriormente a Technicolor. Su patente expiró en 2017. Decíamos que en un CD se muestrea música a un ritmo de 176 kilobytes por segundo. Para una canción de 3 minutos, eso supone 32 megabytes. Si eres joven, te garantizo que en los años 80 y 90 esto era mucho. La primera edición de *Monkey Island*, videojuego que marcó infancias, ocupaba solo 16 megabytes. Enviar una canción de ese tamaño en las primeras etapas de internet era utópico. Pero con MP3, comprimimos en factores de 10 a 14, es decir esa canción queda reducida de 32 a 3 megabytes o menos. ¿Cómo es posible? Mediante un truco llamado «modelado de ruido», que elimina frecuencias innecesarias. Existen sonidos que el oído no alcanza a escuchar, o que se perciben menos que otros. Cuando dos sonidos se producen a la vez, tendemos a escuchar el más fuerte, y solamente ese. Si hay un golpe de caja en la batería, podemos eliminar algunas notas de la guitarra. Justo eso hace MP3: elimina porciones de una canción sutilmente, sin que lo notemos. Realmente lo que estamos haciendo es borrar, no comprimir. Cuanto más borremos, más nos daremos cuenta, pero menos espacio ocupará el archivo comprimido. Esto lo configuramos con el *bitrate*, la cantidad de bits por segundo que codificamos. A partir de 40 kilobytes, se vuelve imposible para el oído humano diferenciar la calidad de esa compresión de su señal original. Es decir: en el peor de los casos, el algoritmo es capaz de dividir por 4 —de 176 kilobytes a 40— el tamaño de una canción sin que nos enteremos.

Este *modus operandi*, «borrar» partes imperceptibles, lo comparten todos los algoritmos de compresión de imagen y sonido, como JPG o MPEG. En oposición, los algoritmos de compresión de archivos, por ejemplo zip, funcionan de otra manera. No podemos borrar nada. Así que intentan representar la información de una forma resumida pero que seamos capaces de reconstruir de forma fidedigna. Por ejemplo, para un chorro de bits: 11000000011110000001, podría inventar un algoritmo que lo represente por el bit seguido de su número de repeticiones: 1207140611 —leído «uno dos veces, cero siete veces, uno cuatro veces», etc.—. Con 10 números represento 20 bits, en este ejemplo.

Las computadoras originalmente funcionaban con cintas analógicas y solo incorporaron transistores digitales a partir de los años 60. Desde finales de esa década existían ya mecanismos de almacenamiento digital, como el LaserDisc. Pero no es hasta finales de los 80, con el compact disc, y sobre todo desde los 90, con la aparición de los formatos de compresión más famosos —el mencionado MP3, el algoritmo de imagen JPG y el de video MPEG— cuando podemos decir que entramos de lleno en la era digital. Y no es ni siquiera hasta aproximadamente el año 2002 cuando se calcula que la cantidad de información almacenada en soportes digitales superó a la conservada en formatos analógicos.

Pudiera resultar contradictorio, pero todavía hoy las organizaciones cuentan con inmensas cantidades de información en formato no digital, principalmente papel. Otros datos se conservan en formato digital *de baja calidad*, pues no aprovechan las posibilidades que ofrecen las tecnologías más recientes. Son los llamados «sistemas legados»: *software* muy antiguo e inflexible, información en discos duros locales no accesibles y proclives a averiarse, bases de datos en Excel, etc. Aún tratándose de bits, no todos los bits son iguales: un bit en la nube, accesible por distintos perfiles bajo distintas condiciones de seguridad y desde varios dispositivos, con capas que permitan su análisis y su protección, es infinitamente preferible a los datos encerrados en local o el papel. Todo esto lo iremos viendo con mayor detalle a lo largo del libro.

Como término amplio, todo el mundo adapta el término *transformación digital* a su propia realidad. Para una sociedad que vende *software* de *marketing* digital, no será lo mismo que para una empresa que vende infraestructura *hardware* de red. Todas pueden estar en lo cierto. Efectivamente, la transformación digital cubre varias capas de la cadena de valor, por no decir todas. Para los consumidores, «digital» es cualquier cosa que provenga de internet, como las *apps*, o los dispositivos electrónicos como teléfonos móviles o relojes inteligentes. Para las empresas, «digital» incluye la infraestructura de sistemas de información, procesos de comunicación, de recursos humanos, gestión de la cadena de suministro y muchos otros. Para un CEO, significa que estamos haciendo actualizaciones en nuestro *eCommerce* para poder decir a nuestros inversores que nos mantenemos al día. Para un CMO, que estamos gastando poco en marketing digital. Para un CFO, que estamos gastando mucho. Para un CIO, que estamos comprando un nuevo sistema de gestión de clientes y para Recursos Humanos que estamos automatizando, reduciendo el personal y trasladando el trabajo al extranjero para ahorrar dinero.

La conversión a lo digital es necesaria, pero la resistencia titánica. Es una pena. Innovar tiene riesgos, pero obviarlo tiene su contraparte. La mayoría de las organizaciones tardan en reaccionar y se estancan. Una transformación real rompe las barreras de la inercia jerárquica y convierte a la organización en un animal adaptable. Aumenta la competitividad, los ingresos, la cuota de mercado, reduce el costo de adquisición de clientes y operativo. Ataca elementos clave de la organización que deben abordarse digitalmente en el modelo de negocio: cómo se generan los ingresos, la adquisición y retención de clientes, la experiencia. Qué productos quieren, qué procesos internos hace falta cambiar, nuevas formas de trabajo, de toma de decisiones, de análisis.

Renovarse o morir. En palabras de Douglas Engelbart:

«La tecnología digital será cada vez más miniaturizada y asequible, y su inyección en todos los niveles de la empresa y la sociedad será cada vez más generalizada y rápida. Esto causará un efecto dominó perturbador en la sociedad como nunca antes se había visto, desplazándonos hacia una trayectoria insostenible en la que importantes desafíos se vuelven cada vez más complejos y urgentes, con consecuencias potencialmente desastrosas para la humanidad si este fenómeno no se comprende bien y se aborda adecuadamente. La gran mayoría de nuestras organizaciones e instituciones, que dirigen el barco en el que todos estamos, están subestimando gravemente la magnitud y la velocidad de la curva y, por lo tanto, apuntan demasiado bajo y operan demasiado lentamente. Ya no es una opción para ser cada vez más inteligentes y rápidos. Las organizaciones deben hacerse exponencialmente más inteligentes y ágiles, utilizando las sucesivas ganancias en el coeficiente intelectual colectivo para acelerar el progreso hacia ese objetivo. Aquellos que se retrasen serán cada vez más ineficaces»

Tres nuevas tendencias

¿Cuánto cuesta usar Facebook? ¿Cuánto tuitear? ¿Buscar algo en Google supone que tengamos que pagarles? ¿Y si es así, en qué moneda? ¿Cómo es posible que haya empresas que valgan tanto y que no nos cueste nada utilizar lo que ofrecen?

Producimos dos exabytes y medio de información todos los días en el mundo[7]. Es mucha información. En concreto, 2.500.000.000.000.000 bytes. Si Facebook fuera un país, con sus usuarios únicos mensuales sería el más poblado de la Tierra, muy por encima de China y la India[8]. De hecho, se acerca a las poblaciones de estos dos países, combinadas. Si hiciéramos una cadena humana cada vez que se publica un tuit, abrazados de las manos, iríamos a la Luna y volveríamos todos los días. Cada individuo de este planeta, incluyendo ancianos y niños, recibe en promedio 40 correos diarios[9]. Cuando vemos películas de espías, nos asombra la inteligencia de las agencias especiales de los gobiernos británico, ruso o estadounidense. Pero Uber recibe 14 millones de viajes al día y sabe exactamente quién los hace, desde dónde y hasta dónde. Google registra todos nuestros traslados sobre el plano terrestre, consultables en Google Timeline y por supuesto conservados en sus bases de datos. Si no fuera por la Ley de Moore, nuestros discos duros tendrían que convertirse en Colosos de Rodas para soportar todo esto. Y ni siquiera así lo conseguiríamos, por falta de espacio: el primer disco duro de un gigabyte de capacidad lo comercializó IBM en 1980. Pesaba 250 kg y medía aproximadamente como un frigorífico. Si tuviésemos que usar esa maravilla tecnológica hoy en día, al ritmo de nuestra producción informativa, cubriríamos de discos duros toda la superficie de España en medio año. Toda Europa, en una década.

Casi todas las organizaciones generan cantidades asombrosas de datos. Algunas no lo saben y no los capturan. Otras, en cambio, han sido capaces de ofrecer productos gratis simplemente gracias al valor que los negocios derivados de los datos les generan. Las que cuentan con activos físicos, como las cadenas hoteleras, las compañías de telecomunicaciones o las concesionarias de infraestructuras, obtienen información de esos activos físicos. Las ingenierías realizan estudios de campo de las que podrían extraer más conclusiones que las necesarias para su proyecto. Incluso empresas que no cuentan con este arsenal de activos suelen tener sistemas de información o una base de datos valiosa de clientes. Los productos también generan información. Amazon no solo vende artículos físicos, también conoce, a través de su web, las preferencias e inquietudes de los consumidores y emite recomendaciones al respecto. Empresas de equipamiento deportivo como FitBit venden artilugios que nos permiten monitorear nuestro ritmo cardiaco en una carrera, pero también acumulan harta información sobre cuánta, a dónde y a qué hora sale la gente a correr.

La ley de Moore y el abaratamiento de los costes de los chips ha habilitado tres fenómenos que posibilitan esto y sobre los que iremos en detalle en el próximo capítulo:

1) los **modelos de negocio de plataforma** que operan organizaciones sin grandes activos fijos, poniendo de acuerdo a sujetos que ofrecen y demandan servicios. Son los casos de Uber o Airbnb. Estos permiten generar negocios con unas necesidades de capital inferiores a los que los empresarios o gobiernos de hace varios siglos tenían que afrontar. Antes era el gobierno holandés monopolizando una actividad; ahora son cuatro compañeros de universidad.

2) la creciente **conectividad** ha confrontado sobre el tapete a dos

enormes grupos: de un lado, entusiastas deseosos de colaborar en un proyecto interesante, incluso a cambio de nada. Y, en el anverso, a una creciente clientela que aumenta el valor de estas plataformas: cuanto más gente lo usa, más nos sirve. Cuanto más nos sirve, más gente hay interesada en colaborar. Es un círculo virtuoso. Es por esta nueva multitud conectada que los modelos de plataforma se posibilitan. A este efecto se le llama «externalidades de red». En Economía, las externalidades son los sucesos o costes provocados por la acción de alguien que no pretendía en principio ocasionarlos y que no se consideran en su precio. Por ejemplo, al comprar un coche, no pagamos por la contaminación acústica —y la emisión de gases tampoco está tasada directamente en la mayor parte del mundo—. Normalmente las externalidades son negativas. Sin embargo, si nos referimos a un coche eléctrico, la cosa cambia: cuantos más haya, más posibilidades tendremos de que se desarrolle una red de puntos de recarga, hoy en día insuficiente. De la misma manera, un coche inteligente genera datos. Estos datos son propensos a tratarse y estudiarse para mejorar su comportamiento autónomo. En el mundo digital, las externalidades de red son por lo general positivas.

3) Por último, el surgimiento de los modelos analíticos, el *Big Data* y la creciente **importancia del dato** sobre otras mercancías en el mundo actual, que permite a ciertas organizaciones regalar su producto a cambio de recibir información.

¿Quién genera esos datos tan valiosos? La multitud conectada a través de plataformas. Los efectos de estas tres tendencias se alimentan mutuamente: las plataformas generadas con bajo capital ofrecen servicios gratuitos o a bajo coste; esto facilita que la gente lo utilice y aumente su valor, o se interese en complementar el producto; finalmente esta cantidad de usuarios genera cantidades formidables de datos proclives a ser minados y aplicados a modelos analíticos o predictivos, lo que los vuelve atractivos candidatos a adoptar la Inteligencia Artificial.

El círculo se cierra, por supuesto: lo que ha posibilitado que existan empresas que regalen productos demandados es, precisamente, que el dato se ha vuelto una mercancía mucho más valiosa que casi cualquier otro producto, si se sabe minar y explotar adecuadamente. La portada de *The Economist* del 6 de mayo de 2017 lo definía así: «el recurso más valioso del mundo». Las empresas que entendieron esto han prosperado y los propietarios de plataformas inteligentes administran el encuentro entre oferta y demanda de manera excelente.

Figura 4: portada de *The Economist* del 6 de mayo de 2017.

No estamos solos

2

Modelos de plataforma

Los modelos de plataforma capitalizan la economía de forma gratuita e instantánea. ¿Cómo? Ponen en contacto la demanda con su contraparte la oferta, a cambio de una comisión de algún tipo, no siempre dinero. Son la nueva evolución de los mercados de este siglo, creados a partir de *software*, pero con idéntica esencia. Al igual que los mercados de siempre, son más valiosos a medida que más individuos acuden a ellos —WhatsApp o YouTube se vuelven más útiles cuanto más gente participa—. Esta nueva economía, que en realidad ya lleva algunos años entre nosotros, sigue tomando hoy por sorpresa a industrias enteras.

Los melómanos de antes necesitaban varias cosas para escuchar el último LP de Queen: ir a la tienda en horario de apertura; tener un salario o paga semanal decente; o esperar a escucharlo en la radio para grabarlo; o encontrarse con el compañero adecuado para copiarlo. Pero en algún momento aparecieron las aplicaciones P2P[3], como Napster, y

---

[3] Las redes P2P, del inglés *peer-to-peer*, red de pares, permiten el intercambio directo de información entre los ordenadores interconectados. Es la arquitectura bajo las famosas aplicaciones de intercambio de ficheros, principalmente música y películas, que aparecieron a principios de siglo, como

cambiaron eso. Ellas fueron también plataformas que ponían de acuerdo a usuarios que no se conocían para intercambiar música. Fueron vilipendiadas y prohibidas, bajo la amenaza de que, con ellas, la música desaparecería. Por supuesto que la música no desapareció. Al contrario, cada vez se escucha más[1].

Desde el punto de vista del consumo musical, Napster y demás pioneras son ancestros directos de iTunes o Spotify. Estas simplemente reconvirtieron el nuevo formato de consumo a su forma remunerada actual, monetizándolo bajo una subscripción mensual o pago por canción. En cambio, YouTube, donde las mismas productoras como VEVO —*joint venture* de Universal, Sony y EMI— suben sus videoclips para su consumo, es gratis. El modelo de negocio de YouTube es diferente: gana dinero de sus anuncios y no de sus consumidores —a excepción de los que voluntariamente deciden suscribirse a *Premium*—.

Entre todas cambiaron la naturaleza de la venta de música grabada, empaquetada y encerrada en formato físico. Era inevitable: las copias digitales son mucho más baratas y permiten su venta desagregada. La industria de la música, lejos de desaparecer, crece cada vez más.

Contamos con dos acercamientos posibles al momento de crear una plataforma. El primero es generar un nuevo mercado que intermedie entre la oferta y la demanda, con comisiones bajas o incluso de forma gratuita. Un mercado hecho de *software* se puede esperar que sea más barato que abrir una tienda física, y el ahorro se antoja cada vez más vasto, gracias al abaratamiento de los chips por la Ley de Moore.

El segundo método consiste en reconvertir un producto en un mercado, abrazando la noción de complementos, como hizo Apple. Disfrazadas y en un segundo plano, las *apps* capitanearon la demanda del iPhone. Eran, en el fondo, el producto estrella. La pantalla táctil no era algo del todo nuevo; los teléfonos con sistema operativo, tampoco; las primeras pads ya tenían aplicaciones propias. En cierto sentido, iPhone fue más una revolución de *software* que de *hardware*. Cambió el concepto de teléfono, no porque tuviera un teclado mejor o una

---

Napster o eMule. En realidad, la arquitectura P2P la respetan muchos otros servicios, como las llamadas por Skype o la transacciones de bitcoin.

pantalla más brillante, sino porque empezamos a usarlo de un modo distinto. Después de la luz verde de Steve Jobs a que otros desarrollaran aplicaciones para su teléfono, las ventas de iPhone se dispararon. Ya no solo era el iPhone, con su pantalla táctil, su scroll de pantalla para buscar los contactos, su diseño atractivo y el logo de la manzana en la parte trasera. Eran también los centenares de aplicaciones que permitían seguir los resultados deportivos, conocer el pronóstico del tiempo o escuchar la radio. Algo mágico ocurrió: Apple fue capaz de convertir su producto físico en una plataforma. Ya no solo atraía a gente que quería un teléfono, también a los interesados en medir su pulso, escuchar la radio extranjera, leer las noticias en el metro o comprobar su saldo bancario en la calle. Esto suponía un margen adicional e inesperado —por supuesto, no todas las aplicaciones son gratuitas, y Apple recauda el 30% de estas ventas—. De paso, recopila datos sobre comportamientos y preferencias. Negocio redondo. Apple decide quién accede a su plataforma. Esa curación es necesaria y valiosa porque permite controlar el desarrollo y mantener la calidad de su producto-plataforma.

Todo esto nos obliga a detenernos a reflexionar sobre la multitud conectada a internet y el ascenso del trabajo remoto. Por ejemplo, las distribuciones del sistema operativo Linux, como Ubuntu o Fedora, fueron desarrolladas a partir de un núcleo —*kernel*— común de código abierto, creado por Linus Torvalds a principio de los 90. Linus sigue siendo responsable de este *kernel*, pero sobre él se han erigido empresas enteras, como Red Hat, que hoy cuenta con más de 12 mil empleados y que escribe capas de *software* que completan y complementan ese núcleo. Proyectos como la Wikipedia solo fueron posibles gracias a la participación de miles de colaboradores que poblaron sus artículos. Jimmy Wales y Larry Sanger idearon la plataforma, pero el valor de su enciclopedia proviene de otra gente, los «complementadores». Con el acceso generalizado a internet, la multitud conectada ha eclipsado los antiguos depósitos centrales de conocimiento. Las diferencias entre la web y las bibliotecas del mundo ilustran cuán diferentes son ambas. Las últimas albergan millones de libros, mientras que las primeras contienen también música, imágenes, *podcasts*, videos, entornos de realidad virtual, etc. Además, es democrática: nadie está a cargo de todo el contenido de la web, mientras los gobiernos no tengan el poder de romper su neutralidad.

Esta democratización, junto a la concentración de muchos elementos en uno solo —el teléfono o el ordenador conectados—, ha contribuido a la aparición de esta nueva economía de masas. Cada vez existe más gente con acceso a internet, cada vez es más fácil hacer cosas antes solo reservadas a los técnicos, como crear una tienda en línea o escribir una *app*.

Wikipedia es un buen ejemplo de por qué las multitudes son capaces de generar contenido válido. Todas las enciclopedias anteriores operaban de un modo similar. Contaban con un equipo de expertos que escribían los artículos a sueldo de la editorial. Su número se veía limitado por las ventas que la enciclopedia era capaz de conseguir. Su tiempo era finito, con lo que la cantidad de artículos, también. Las obras se actualizaban raramente. Como mucho, una vez al año se podía recibir un volumen adicional con correcciones y actualizaciones. Hoy, en Wikipedia, podemos comprobar cómo se ha actualizado un evento a los pocos segundos de producirse, sean unas elecciones políticas, los casos positivos en una pandemia o el final de un partido de fútbol. Los sabotajes existen, pero son subsanados en pocos minutos. Los temas polémicos que necesitan revisión son bloqueados con candado y puestos a discusión tras bambalinas.

¿Qué habría pasado si nadie se hubiese interesado por escribir artículos para la Wikipedia? Habría fracasado, lo que se conoce como el *problema de las ciudades fantasma*. Por alta que sea la calidad de una plataforma, por magnífica y noble que sea la idea detrás de ella, su supervivencia depende de la afluencia de público. Es lo que le sucedió a Google con su red social, Google+, incapaz de competir con Facebook. Para evitar el problema de las ciudades fantasma existen algunos caminos, más sencillos de contar por escrito que de poner en práctica:

1) **Usar el lado de la demanda como cebo**, como hicieron TripAdvisor o Yelp. Yelp es una red social para evaluar negocios de todo tipo, de uso popular sobre todo en los Estados Unidos. TripAdvisor es más usado en el resto del

planeta, pero tiene un modelo idéntico. Ambos empezaron creando un directorio de negocios y un buscador vertical[4] para restaurantes, hoteles y, en general, turismo. De modo que primero tenían algo de información creada por ellos, con la que atrajeron a los turistas —la demanda— a través de búsquedas. Cuando los negocios empezaron a sentir que les llegaba tráfico de las webs de Yelp y TripAdvisor, se quisieron apuntar también a la plataforma de reservas. El último paso fue cobrarles a los negocios: cada vez que un sujeto visita y reserva a través de la plataforma, se les cobra una comisión. *Voilà*, ya tenemos negocios y consumidores participando.

2)   **Atraer al lado de la oferta con un producto**. Por ejemplo, Clip en México u OpenTable en los Estados Unidos. En ambos casos, tenían algo interesante para los negocios: un sistema de pagos en el caso de Clip, otro para gestionar internamente órdenes y reservas en el caso de OpenTable. En el caso de OpenTable, se transformaron de un *software* interno para restaurantes y bares a un sistema en línea que permite a los usuarios reservar directamente. En cuanto a Clip, aún no ha dado el paso, pero su cofundador lo tiene claro: «en un periodo de 4–5 años 4 de cada 10 comercios van a realizar sus transacciones con Clip. Es la oportunidad de convertir a Clip en una plataforma de comercio para las personas y para los negocios»[2].

3)   **Ayudar en el lado más débil**. En las *apps* de citas, las mujeres suelen ser más reticentes. Por eso algunas *apps* como Bumble les otorgan ciertas ventajas, como poder elegir si declinan una conversación tras un *match*. Esto les da una segunda oportunidad para pensárselo.

Abrir una plataforma tiene sus riesgos. No conoces a quienes desarrollan sobre tu producto inicial. No sabes qué va a ocurrir. Por eso una alternativa más segura para complementar tu producto ha sido la del *staffing on demand*, apalancado sobre la *gig economy* o

---

[4] Buscador ligado a un sector concreto.

contrataciones bajo demanda. Agencias especializadas que fungen como plataformas en donde sociedades e individuos se encuentran y acuerdan proyectos. Mercados digitales para la contratación laboral bajo demanda. Por ejemplo, si estás pensando montar tu propio negocio y necesitas un logo o un locutor que grabe tu anuncio, Fiverr podría ser una buena opción. ¿Algo un poco más complejo, desarrollo de *software*, ingeniería o atención al cliente? UpWork quizás funcione. Firmas que precisan algo más a medida utilizan Gigwalk. Y, por supuesto, en el mundo hispanohablante surgen los mismos conceptos, como el caso de Workana o freelancer.es. Existen *apps* para que paseen a tu perro, de envío de comida a domicilio, para encontrar un abogado...

Fenómenos similares al de Apple no tienen por qué estar reservados a organizaciones de lustro. Uno se puede apalancar de esta nueva realidad desde su casa. La fuerza laboral futura —y la actual en varios países— ya no será un grupúsculo de empleados llegando a fichar a la oficina o a la fábrica cada turno de mañana o noche y yéndose después de una cierta cantidad de horas. Cada vez más tendrá que estar compuesta por empleados bajo contrato temporal o por proyecto que trabajarán de forma variable, remunerados por hora y en muchos casos operando de forma remota. Hoy más de un tercio de los trabajadores en Estados Unidos funcionan bajo contrato por proyecto[3]. En Canadá es tan habitual o más hablar de una tasa horaria que de un salario anual cuando se están negociando los honorarios. La *uberización* de la economía será un hecho. Por eso, la adaptación política y legal es tan importante para evitar la precarización, especialmente en sectores no especializados. La mayoría de autores parece solo pensar en los desarrolladores de *software*. Habrá mucho más que eso.

Conectividad

Los humanos somos animales sociales. Pertenecemos a la manada, necesitamos sentirnos partícipes de algo superior y con significado —de ahí se nutren los nacionalismos—. En la pirámide de Maslow, la necesidad de afiliación ocupa el tercer lugar, por encima de las necesidades fisiológicas básicas y de seguridad; y por debajo de las necesidades de reconocimiento y autorrealización, ambas íntimamente ligadas al sentimiento de grupo. El crédito es siempre en relación a otros: nuestro éxito percibido, la confianza que tenemos en los demás y que los demás tienen en nosotros. Por fin, la autorrealización solo es posible en un contexto grupal. Tiene una faceta moral, puesta en relación a las costumbres que se ejercen en una determinada época y contexto social.

Uno de los pilares de la actual revolución industrial es el significativo desarrollo de las tecnologías de comunicaciones desde los años 80. La ubicuidad es marca y destino de muchos cambios extremos a los que estamos asistiendo hoy en día. Con ubicuidad no me refiero, lógicamente, a poder estar en todas partes, sino a poder interaccionar con todo el mundo desde cualquier lugar. Hace referencia a la integración de varios objetos y su funcionalidad en un solo dispositivo móvil, y a la conectividad que permite a ese dispositivo interaccionar con otros sistemas de comunicaciones, más allá de realizar una llamada.

Pensemos en cómo se trabajaba en las décadas de los 50 y los 60. No es una época lejana: ya estaban relativamente democratizados los automóviles con motor de explosión, existían los Beatles y Chuck Berry, veíamos minifaldas. Nos comunicábamos por correo postal o teléfono de marcación por disco, las noticias las encontrábamos en los periódicos una única vez al día o en los noticieros, tres a lo sumo por jornada. Los documentos se mecanografiaban. La vida laboral era más lenta, lo cual quizá fuese algo bueno para nuestro corazón. En todo caso, alejado de lo que vivimos hoy. Pensemos no tan allá, en los años 90: usábamos faxes, que nos permitían transferir documentos fotocopiados con cierta rapidez. Una página por minuto, aproximadamente. Ya existían las computadoras personales y teléfonos en cada puesto de trabajo. Tímidamente aparecían los primeros ordenadores portátiles. Utilizábamos calculadoras, muchas libretas, bolígrafos, calendarios de papel y mapas. La música se escuchaba por primera vez de forma personal y privada con el Sony Walkman. Los taxistas conocían de memoria cada recoveco, cada palmo de la ciudad, sin importar lo grande que fuera. Los que no éramos taxistas teníamos que consultar nuestras rutas en los callejeros, unos libros gigantes encuadernados con anillas. Los números de teléfono se obtenían en las no menos gigantes *Páginas Amarillas*. Cuando teníamos una duda, había que resolverla en la enciclopedia y, si estábamos en la calle, nos quedábamos sin saberlo. Las apuestas de bar tenían más emoción, pero tardaban días en resolverse. No teníamos Google ni Wikipedia. Algunas oficinas contaban con despertadores de alarma como los de las casas para avisar de reuniones importantes y todas contaban con tablones de anuncios de cartón o pizarra. Las fotografías se hacían con cámaras Kodak de film. Luego llegaron las cámaras digitales, cuyo fulgor alcanzó apenas una década.

En 1990 llegó la suite Office y con ella el imprescindible Excel y también PowerPoint, que sustituyó las diapositivas y transparencias que se colocaban sobre un proyector de haz de luz y se escribían con rotuladores de alcohol. Aparecieron los diccionarios en línea y las primeras webs publicitarias que sustituían a las revistas de papel. El correo electrónico y el formato PDF pronto acabarían con el fax y el servicio nacional de correos, antaño inquilino de los edificios más monumentales de cada ciudad, hoy cada vez más limitado a paquetería. Los dispositivos GPS matarían a los mapas de papel y las guías *Michelin*. Al poco, los celulares con *apps* de navegación incorporadas aniquilarían a su vez a los TomTom y demás familia. Los calendarios fueron digitalizados. Las carpetas de cartón duro con secciones etiquetadas por pestañas de colores —precursor de las pestañas de los exploradores— desaparecieron. Las reuniones fueron más fáciles de organizar, el teléfono de escritorio sustituido por el celular y las llamadas por Skype —que llegó a vender su propio terminal físico—, luego por WhatsApp, Telegram y otros. Los periódicos comenzaron a leerse cada vez más en línea, llegaron las primeras redes sociales, algunas especializadas, como LinkedIn, para búsqueda de empleo y talento. Y el fenómeno continúa, porque muchas de las tareas y artefactos que tuvimos en papel, los tuvimos luego en una computadora o en distintos *gadgets* y ahora cada vez más los concentramos en nuestro teléfono móvil.

Todavía en los 90 los niños salían a la calle y se quedaban incomunicados durante horas. Mantenían charlas a través del portero automático y en el último día de escuela se intercambiaban la dirección de la casa de vacaciones para enviarse cartas. En muchos pueblos no llegaban los teléfonos a todas las viviendas y la gente acudía a hablar desde locutorios, precursores de los cibercafés, también prácticamente extinguidos. Los impuntuales se perdían, y debían vagar por la ciudad en busca de sus amigos, quienes habían acordado previamente verse en un lugar y a una hora precisos, sin necesidad de confirmar siete veces. Más tarde, se telefoneaban usando un idioma en clave, pues solo existía un teléfono en toda la casa. Llamar al chico o chica que te gustaba suponía enfrentarte con algún guardián que respondía primero. Y si había dos teléfonos en la vivienda, el riesgo de espionaje era continuo. En los festivales de música se organizaban filas tan largas en las cabinas como en los baños.

Hacia el año 2000, éramos en el mundo unos 400 millones de usuarios de internet. Hoy somos alrededor de 4.000 millones. No solo la penetración de internet aumenta inconmensurablemente: también los consumidores de redes sociales y los clientes de telefonía móvil. La relación del tráfico de datos respecto a la totalidad de tráfico móvil que se mueve cada año crece exponencialmente. Eso quiere decir que usamos cada vez más el móvil para ejecutar aplicaciones conectadas a internet y menos para lo que se presupone sirve un teléfono: realizar llamadas.

Los chips GPS costaban miles de dólares en los años 80; hoy cuestan entre dos y tres. Quizá cuando leas esto ya será menos de dos. Todo teléfono tiene hoy un GPS que no afecta prácticamente en su coste. Internet se volverá una mercancía invisible: damos por hecho tenerlo en el teléfono. La conversación ha madurado, pasando de un «conéctate y busca en internet qué tiempo hará mañana» hacia un «mira el tiempo de mañana», sin más. La conexión es un paso invisible que damos por sentado. La tecnología democratiza antes de que nos podamos dar cuenta.

Para Joseph Schumpeter, el progreso en la primera revolución industrial provino no del aumento del número de diligencias, sino en el desarrollo de nuevos medios de transporte más eficientes que las sustituyeron[4]. La conectividad es nuestro nuevo medio de transporte.

La nube

Hace no mucho, la suite de Microsoft Office se compraba en una caja de cartón, llena de disquettes o CD, considerablemente más voluminosa que una novela de pasta dura. Microsoft ha sabido adecuarse a los nuevos tiempos e introducir distintas clases de innovación. La suite Office es, en sí misma, una innovación del tipo «paquete de productos»: pasó de comercializar diferentes tipos de *software* a crear una suite ofimática completa y venderla en conjunto. (A finales de los 90, Microsoft quiso también paquetizar su sistema Windows y su navegador Explorer, lo que le valió un juicio por corromper las leyes por el derecho a la competencia[5].) En los últimos años, Microsoft abrió su suite al desarrollo de terceros, permitiendo por ejemplo colocar *add-ons* sobre Word. Finalmente publicó Office365, una suite que permite trabajar conectado a la nube y a través de un explorador de internet, sin necesidad de instalar ningún *software* en la computadora local. ¿Pero qué es eso de «la nube»?

Todos usamos tecnologías en la nube a diario, aunque no nos demos cuenta. Hace no muchos años, los servidores de correo —bajo un protocolo llamado POP3— descargaban los mensajes al disco duro local. De esta manera, si el disco se corrompía, se perdían todos, a menos que los tuviéramos resguardados de alguna manera —por ejemplo, versiones antiguas de Outlook permitían comprimir todos nuestros correos en un archivo de extensión PST—. Eso cambió a partir del protocolo IMAP. Hoy en día todos usamos Gmail u otros servicios de correo en línea sin percatarnos de que nuestra información está alojada en alguno de los servidores de Google, muy lejos de donde se encuentra nuestra máquina. ¿Se averió nuestro ordenador? Pedimos uno prestado y seguimos teniendo ahí nuestro correo. La mayor parte de la información que producimos y usamos está hoy en la nube, es decir, en servidores remotos a los que accedemos por internet. Muchos de nuestros archivos personales se encuentran en servicios de almacenamiento como iCloud, DropBox o OneDrive; nuestras fotografías en Instagram o Facebook; nuestros mensajes en Twitter; nuestras bases de datos y hojas de cálculo en las suites en la nube de Google o Microsoft —si utilizamos Office 365—. Slack, Salesforce... la lista es inacabable. Nuestra vida se ha mudado a la nube sin darnos cuenta y, sin embargo, muchas firmas siguen utilizando servidores físicos propios.

La tecnología en la nube, tanto almacenamiento como computación, es interesante para empresas de todos los tamaños por múltiples razones. La principal es la flexibilidad a nivel de servicio y costes. Si la demanda aumenta, es mucho más sencilla una ampliación del contrato en la nube que una compra de *hardware* adicional. Suele ser posible contratarlo en línea o por teléfono al gestor de nuestra cuenta asignado por el proveedor de servicios. Los servicios basados en la nube son ideales para organizaciones con demandas de ancho de banda crecientes o fluctuantes. Y viceversa, si se necesita reducir la escala nuevamente, la flexibilidad se integra en el servicio. La computación en la nube reduce el alto costo —en dinero y tiempo— de la compra de *hardware*, se paga sobre la marcha, lo cual es un modelo más amable con el flujo de caja, sin contar con que, contablemente, las compañías pueden ajustar su inversión en *capex* y *opex*.

Otra ventaja es la derivación de cuestiones como la seguridad física, lógica y las actualizaciones de *software* a quien nos proporciona el servicio de nube. La carga mental a la que nos someten nuestra arquitectura de *hardware* o la necesidad de contratar administradores de sistema se reduce considerablemente. Esto es de especial importancia para las pequeñas empresas que carecen del efectivo y la experiencia requeridas. Los proveedores se encargan de ello, despliegan periódicamente actualizaciones de *software*, incluyendo de seguridad. E incluso borran remotamente los datos de las computadoras portátiles perdidas para evitar que caigan en las manos equivocadas.

La computación en la nube impone disciplina a las organizaciones para disponibilizar sus datos mediante APIs y desarrollar aplicaciones internas en lugar de tener todos su información y cálculos en papeles o exceles. Una API es simplemente una «biblioteca» de funciones que un *software* es capaz de realizar y que, sin entregarnos el código fuente, nos habilita a usar. No es más que la capacidad de distintos *software* de comunicarse sin mezclarse. Una lista de nombres de funciones listos para ser usados en otro código.

Veamos dos conceptos, frecuentemente usados de manera indistinta: microservicio y *web service*. La diferencia es sutil. Un microservicio es un tipo de arquitectura de *software*, mientras que *web service* es la aplicación de ese patrón utilizando internet. Antiguamente se escribía el *software* como un bloque: una aplicación única que incluye todo. Todas las piezas residían en el mismo lugar: la interfaz gráfica, el motor de la lógica de negocios y la capa de acceso a datos. Los microservicios son un estilo de organizar arquitectónicamente el *software*, rompiendo partes del código en secciones que se dedican a cosas fundamentalmente distintas. Más adelante hablaremos del patrón modelo-vista-controlador, que parte en tres piezas el código. Bien, un microservicio no consiste en más que en «federalizar» el código fuente. ¿Qué se consigue con esto? Flexibilidad, responsabilidades delimitadas, menos retrabajo y muchas cosas más. Esta filosofía se puede aplicar a cualquier tipo de entorno. Por otro lado, un *web service* no es más que el concepto de microservicio aplicado a la comunicación entre dos máquinas en una red a través del protocolo HTTP, es decir, por internet. Una API actúa como una interfaz entre dos aplicaciones diferentes para que puedan comunicarse entre sí. Esto quiere decir que una API es el catálogo de todo lo que el microservicio ha implementado.

Si estás pensando que nunca has escrito *software* en tu vida, que nunca lo escribirás, y que no son más que tecnicismos propios de desarrolladores, estás en lo cierto. Pero tal vez se te escape un detalle: las posibilidades que esto abre son enormes, para todo el mundo, porque la apificación es omnipresente y disponible para cualquiera que quiera hacer uso de ella. Por ejemplo, si quisiéramos escribir un *software* para saber dónde jugará el año que viene nuestro equipo favorito, en lugar de partir de cero, podríamos generar un mapa construyéndolo sobre la API de Google Maps, accesible y utilizable desde cloud.google.com/maps-platform. El consumo de la API de Maps es de pago, pero situaciones sencillas, como colocar tu dirección en un mapa y en tu página web, son gratis y no requieren conocimientos de programación[6]. ¿No sabes hacerlo, ni te interesa? Recuerda la *gig economy*. Puedes contratar a alguien en alguna plataforma de empleo que lo haga para ti. Si te dedicas al mayoreo de carne bovina y estás pensando en crear un sistema de localización de tus distribuidores logísticos para ser capaz de visualizar en cada momento dónde están tus camiones de reparto, debes saber que tu desarrollador probablemente utilizará las API de Google. Y, por supuesto, puedes consultar tú mismo los costes de consumirla.

También encontramos API internas. Steve Yegge cuenta en su blog la anécdota del correo que Jeff Bezos envió a todos los empleados de Amazon en 2002, conocido como «el mandato API». Pedía lo siguiente:

1)   Todos los equipos en adelante expondrán sus datos y funcionalidad a través de microservicios.

2)   Los equipos deben comunicarse entre sí a través de estas interfaces.

3)   No habrá ningún otro proceder para la comunicación entre procesos. La única comunicación permitida es a través de llamadas a los microservicios a través de la red.

4)   No importa qué tecnología utilicen.

5)   Todos los microservicios, sin excepción, deben diseñarse desde cero para ser externalizables. Es decir, el equipo debe planificar y diseñar para exponer la interfaz a todos los desarrolladores del mundo exterior. Sin excepciones.

6)   Cualquiera que no lo haga será despedido.

7)   Gracias, ¡que tengan un buen día!

Incluso si no se quiere llegar a este punto, es útil acostumbrar a la mente a pensar bajo un concepto de «comunicación por microservicios» para todas las actividades operativas. Cuando los equipos pueden acceder, editar y compartir documentos en cualquier momento, desde cualquier lugar, haciendo uso de aplicaciones en línea, hacen más y mejores cosas juntos, disminuyen el trabajo en silos y se promueve la colaboración. También ayuda a actualizar en cualquier momento y mantener una trazabilidad completa de los cambios realizados. Mientras más colaboren en los documentos, mayor será la necesidad de un control documental que normalmente solo un *software* especializado es capaz de realizar. Esto se facilita enormemente en entornos de trabajo en la nube: desde suites ofimáticas como las de Google o Microsoft a gestores documentales especializados por ramo. Y por supuesto, cualquier sujeto está habilitado para trabajar desde casa o cualquier otro lugar con una conexión a internet.

Internet de las cosas

¿Cuántos motores tiene un coche? ¿Uno? Efectivamente, hay un solo motor de combustión. Pero infinidad de motorcitos eléctricos. Por tal motivo, si nos quedamos sin batería, el coche ni siquiera arranca. Tenemos un motor para el parabrisas; otro para las ventanillas, que ya no son como antaño a manivela. El sistema de aire acondicionado consta de varios. El coste de los motores eléctricos se redujo y su población en nuestros vehículos creció en tales magnitudes, que ya ni siquiera nos damos cuenta de que están ahí. Se desvanecieron de nuestra consciencia, como la conexión a internet. Pronto asistiremos a una nueva y gran convergencia entre el mundo informático y el industrial, gracias al desplome de precios de los chips de geolocalización y la conectividad creciente. A esa nueva alianza se le ha dado en llamar «internet de las cosas».

El primer problema que nos encontramos con el internet de las cosas es su nombre. Fue propuesto en 1999 por Kevin Ashton, del MIT. Se trata de una traducción literal de *internet of things (IoT)*, aunque sería más adecuado, o al menos más inteligible, llamarlo internet *en* las cosas, *internet within things*. Un término anterior, acuñado por Mark Weiser, «computación ubicua», parece mejor opción. No hablamos de un internet diferente y paralelo al que usamos los humanos y con el que los muebles se entretienen los domingos lluviosos. (De hecho, muchos de los objetos a los que nos referimos ni siquiera se conectan directamente a internet, sino que usan otros protocolos de comunicación a corta distancia, como NFC, RFID o Bluetooth).

Internet no es más que un conjunto de ordenadores controlados por humanos y conectados bajo un conjunto de protocolos comunes. A ese ecosistema entrelazado por un mismo lenguaje se suben los dispositivos, pero no esperemos que nuestro frigorífico se ponga a realizar búsqueda privadas en Google —aunque podría—. Simplemente, los objetos utilizan esos mismos protocolos para comunicarnos una serie de parámetros y que nosotros podamos darles órdenes en remoto. Si se deja dar órdenes, claro: por *cosas* nos solemos referir a objetos inanimados, pero IoT se puede aplicar también, por ejemplo, en el monitoreo de rebaños de animales. O para conocer el estilo de conducción en un coche, que es un objeto inanimado, pero controlado por un humano. Lo que realmente medimos aquí es el comportamiento humano al conducir. ¿Entonces, qué podemos conectar? Casi todo. Los dispositivos IoT se dividen, por lo general, en seis grandes categorías: dispositivos personales; hogar o domótica; automóviles; atención médica; fabricación industrial y empresarial; y ciudades inteligentes... Pero el límite lo marca nuestra imaginación.

El concepto es más cotidiano de lo que aparenta. Nos relacionamos a diario en remoto mediante el uso de nuestro teléfono móvil. Podemos, por ejemplo, solicitar un taxi a través de alguna aplicación de movilidad. El acto de pedir en tiempo real un automóvil hacia una cierta localidad, con una estimación del costo y sabiendo que quien va a venir a recogernos está cerca a nuestra posición es, en cierto sentido, una acción propia del internet de las cosas. No hacemos una interacción directa con el conductor o con una centralita, sino que existe un intermediario digital, la *app* instalada en su teléfono móvil y conectada a internet, a través de la cual nos comunicamos, intercambiamos información y tomamos decisiones.

Piensa ahora en tu coche, ese que nunca recuerdas si cerraste cuando ya estás sentado en el sillón de casa. Aunque muchos cuentan con cierre automático por distancia respecto a la llave, podrías tener un sistema para saber si efectivamente se cerró, o cuánta gasolina tiene. Imagina algo más sencillo, como la lámpara que te has dejado encendida en la habitación. Es un elemento muy simple con dos funcionalidades: encender y apagar. ¿Por qué no instalarle un actuador conectado que te permita apagarla desde tu teléfono? O regular la calefacción para tener la casa caliente unos minutos antes de llegar. O piensa en tu cafetera, que puedes dejar cargada en la noche y activar cuando te despiertes mientras vas al baño. ¿Qué interés tiene esto? Aunque parezca que nunca necesitarás una cafetera conectada a internet, lo mismo pensábamos de los teléfonos hace algunos años.

IoT es por tanto un conjunto de máquinas que recopilan datos y nos los comunican y, recíprocamente, realizan acciones bajo mandato remoto. Para realizar esta comunicación podemos aprovechar los mismos protocolos de internet o usar otros.

El término es abstracto pero la tecnología muy tangible. Ya se aplica en multitud de lugares, incluso hemos pasado de una comunicación en exclusiva humano-máquina a poder introducir máquinas intermedias que filtren o traten la información antes de ser recibida. A este conjunto de interacciones entre máquinas remotas se le denomina máquina a máquina, *machine-to-machine* o simplemente M2M. M2M es un término general, usado para referirse a este tipo de interacciones entre máquinas. Bajo el capó y en detalle, se utilizan diferentes modelos de conectividad, cada uno de los cuales tiene sus propias características. Se distinguen cuatro: device-to-device (dispositivo a dispositivo), device-to-cloud (dispositivo a la nube), device-to-gateway (dispositivo a puerta de enlace) y back-end data-sharing (intercambio de datos a través del back-end). No entraremos en detalle, solo es importante mostrar que existe mucha heterogeneidad —y también flexibilidad— en las formas en que los dispositivos se conectan y actúan.

El número de aplicaciones para IoT es incalculable. Algunas son complejas y sofisticadas, otras en cambio las vemos casi a diario sin darnos cuenta, como los terminales de punto de venta (TPV) que utilizamos para pagar con tarjeta en los establecimientos comerciales. Una TPV no es más que un lector de tarjeta que contiene una tarjeta SIM —algunas usan WiFi— con la que consigue estar conectada sin cables.

En resumen, todo ecosistema de internet de las cosas cuenta con al menos cuatro componentes:
- la *cosa* que se está monitoreando;
- un sensor que captura la medición, como por ejemplo un contador de anaquel, o un dispositivo que realiza la acción remota requerida, por ejemplo cobrar;
- una tecnología de comunicaciones, que incluye la red y sus protocolos, tanto por cable (PLC, Ethernet, etc.) como inalámbricos (Bluetooth, WiFi, red móvil, etc.);

- y un servidor que hace acopio de la información, gestiona envíos y recepciones y que se comunica con nosotros o algún otro sistema de la organización, como su ERP o sistema logístico.

Estos cuatro elementos originan una infinidad de líneas de investigación diferentes: redes de sensores, redes de próxima generación, maneras de interconectar dispositivos heterogéneos —tanto física como lógicamente—, ciberseguridad, sistemas distribuidos, arquitecturas tolerantes de fallos bajo condiciones extremas, computación en el extremo, o *edge computing*, para aliviar la carga computacional en el núcleo, y un larguísimo etcétera.

El concepto de usar ordenadores, sensores y redes para monitorear y controlar dispositivos remotos no es nuevo y ha existido durante décadas. De domótica inteligente se empezó a hablar en los 80. El primer protocolo de comunicaciones pensado para ella, el X10, es de 1975, y funcionaba a través de la red eléctrica. Sin embargo, su democratización es lo novedoso, habilitada por la conectividad, el abaratamiento y miniaturización de los chips gracias a la Ley de Moore, los avances en análisis de datos y la nube. Internet de las cosas tiene unas implicaciones asombrosas en nuestro estilo de vida, alterando las ciudades, modernizando las casas y cualquier entorno en el que convivamos.

Si la tendencia y las proyecciones sobre el crecimiento de la IoT se convierten en realidad, nos obligarán a un cambio de proceder y pensar. En ese nuevo mundo, la interlocución más frecuente en internet no provendrá de los humanos, sino de la acción pasiva con objetos conectados. Será un planeta completamente interrelacionado. Y, como ocurrió con internet, nos olvidaremos de que todo ese entramado existe. De hecho, el número de dispositivos IoT conectados superó al de los ordenadores personales entre 2013 y 2014, y a los teléfonos móviles entre 2017 y 2018[7]. Ya estamos viendo objetos conectados en todas partes: en la industria productiva, con maquinaria que se encarga de controlar procesos fabriles, los robots ensambladores o los sensores de temperatura; en el control logístico urbano, gestionando semáforos, puentes, vías de tren o cámaras urbanas; en la meteorología, con información de sensores atmosféricos, meteorológicos y sísmicos. También existen aplicaciones para el transporte o la industria energética. Pronto se democratizará hacia los hogares.

De entre todas las aplicaciones posibles, detengámonos en tres que tendrán un enorme impacto social: sanidad, ciudades inteligentes y vehículos conectados. Luego veremos algunas tecnologías que habilitarán IoT y, por último, el impacto de *blockchain* para la gestión de estos dispositivos.

Sanidad

La universalidad de la salud es motivo de debate en buena parte del planeta. Los sistemas de sanidad pública ven peligrar su futuro, acusados de ser insostenibles. Este argumento se alimenta por el crecimiento de una población envejecida y que requiere cada vez más cuidados, y se complementa con la incógnita sobre el sistema público de pensiones.

La decisión sobre si queremos asegurar una sanidad de calidad y gratuita para todos, incluidos nuestros mayores y menos favorecidos, es política. Pero sin importar lo que se decida, la certeza es que la rama médica sufrirá pronto una profunda transformación ligada a tecnologías IoT. Y no hace falta otear muy lejos en el futuro. Existen avances en el área de diagnóstico médico y para el control remoto del paciente implantándose desde hace ya algunos años.

Por ejemplo, podemos encontrar bombas de insulina de inyección automática, aunque su uso todavía no está extendido. Este aparato se compone de un glucómetro conectado de manera inalámbrica al teléfono y de una bomba que regula la administración de insulina de acción rápida o corta, las 24 horas del día. Cada cierto tiempo, los cartuchos deben reponerse y, eventualmente, se sustituye la bomba al completo. Acaso no sea el mejor ejemplo de dispositivo remoto, pues las bombas van atadas al paciente —quien la maneja desde su teléfono o directamente en el panel—. Pero pronto los médicos podrán monitorear e intervenir remotamente en la administración de insulina al paciente. Y no es un tema menor: la prevalencia de la diabetes se ha duplicado[8] desde 1980, de un 4,7% de la población mundial a un 8,5%. Además de su mortalidad, la diabetes será uno de los mayores vectores de costo para la sanidad durante este siglo.

La irrupción de IoT en el sector llega estrechamente relacionada al concepto de teleasistencia sanitaria. Es decir, servicios clínicos, como el diagnóstico y el control, ejecutados en remoto, con un elenco de dispositivos que abarca desde medidores y sensores portátiles hasta sistemas de conversación y monitoreo inalámbrico que permitan a los centros de atención primaria pasar consulta a distancia. También nos encontramos el término «telesalud», que abarca servicios no clínicos como atención preventiva. Algunos de los dispositivos pensados para hacer ejercicio, como FitBit, encajarían en esta definición. Sin embargo, esos usuarios son generalmente personas saludables en lugar de enfermos, con lo que no atacan directamente al gasto público —aunque lo previenen—. La Organización Mundial de la Salud utiliza el término «telemedicina» para describir todos los aspectos de la atención médica, incluida la atención preventiva.

La amplitud de disciplinas de la telemedicina actual, aunque incipiente, es enorme. En los países en vías de desarrollo destaca la salud móvil o *mHealth*, es decir, el aprovechamiento del teléfono móvil para la asistencia médica remota. Su éxito se deriva de algunos limitantes propios de estos países, como un alto crecimiento de la población, alta prevalencia de enfermedades, baja disponibilidad de infraestructura —en particular en zonas rurales— y de especialistas de la salud; y, en el anverso, de la oportunidad de la rápida penetración de la telefonía móvil. Con la llegada de 5G —que explicaremos en pocas páginas— veremos más frecuentemente casos de telecirugía verdaderamente remota, con la aparición de robots cirujanos. Estos robots ya existen para muchas aplicaciones, pero siempre supervisados y acompañados de un médico. En enero del año 2019 se reportó la primera operación remota utilizando 5G, una lobectomía hepática —extracción del hígado— realizada a un animal de laboratorio. Hacía dos décadas que se había realizado la primera operación totalmente remota a una paciente humana, una colecistectomía —extracción de la vesícula biliar— realizada por médicos franceses desde Nueva York y con la ayuda de un robot ZEUS. A esta cirugía se la conoce como «operación Lindbergh» y se trató de un procedimiento mínimamente invasivo. Por desgracia, los problemas de latencia de las tecnologías anteriores a 5G han impedido el desarrollo ulterior de la cirugía remota. Pero todo llegará.

El gigante Medtronic adquirió Cardiocom en 2013 por $200M USD, lo que supuso la primera gran adquisición de una firma de telemedicina en el mundo. Cada vez más clínicas y hospitales confían en sistemas que permiten al personal de salud monitorear activamente a los pacientes de manera ambulatoria y no invasiva. En los Estados Unidos, Synapse[9], producida por doctorondemand.com (Dr+), fue premiada en 2019 como la mejor plataforma de telemedicina. Dr+, fundada en 2012, ha firmado varias alianzas con firmas productoras de dispositivos. Si estás preocupado por tu salud, puedes programar una visita mediante la plataforma y los dispositivos asociados que tenga, ya sea un simple termómetro o cualquier otro, transmitirán tus datos antes de la visita. Muchos evitan visitar al médico por problemas de agenda, porque no alcanzan a pagarlo o simplemente porque se sienten demasiado enfermos. La telemedicina reducirá estos problemas. Dr+ ofrece tarifas planas para visitas de pacientes, lo que ayuda a los ciudadanos a presupuestar si no tienen seguro, asunto importante en países con sanidad parcial o totalmente privatizada. En esos países, esto puede suponer la diferencia entre la vida y la muerte. En países con sanidad pública universal, puede suponer la salvaguarda y sostenibilidad futura del sistema.

La versión radicalmente futurista de IoT aplicado a nuestra salud la tenemos en el movimiento cíborg. La primera organización dedicada a ayudar a los seres humanos a convertirse en cíborgs fue fundada en España en el año 2010 por Neil Harbisson y Moon Ribas. Harbisson es daltónico completo desde su nacimiento —solo es capaz de ver en escala de grises— y, para percibir los colores, utiliza una antena que está integrada con su cráneo a través del hueso occipital. La antena traduce el color a frecuencias sonoras, que Neil escucha. Está conectado a internet, lo que le permite «enviar colores» a otros a través de la red. «No siento que uso tecnología, no siento que llevo tecnología, siento que soy tecnología», dice[10].

¿Parece ciencia ficción? Sin necesidad de implantar nada, el mercado de pastillas inteligentes no para de crecer desde hace años. Quizá su aplicación más espectacular sea la toma de imágenes médicas. Como las de la israelí Given Imaging, adquirida por Covidien en 2013 por 860 millones de dólares, y esta a su vez a Medtronic por 42 mil millones en 2015, dando lugar a la PillCam COLON 2 (en la figura 5). Se trata de una pastilla que toma fotos del intestino y las envía remotamente a un dispositivo cercano, normalmente atado a la cintura, y posteriormente a un ordenador para su revisión médica, evitando la colonoscopia.

Figura 5: PillCam COLON 2 de Medtronic

Ciudades inteligentes

«Un vacío como el de Chernóbil. Un pueblo fantasma».

Así describió Shim Jong-rae la ciudad coreana de Songdo, la primera ciudad inteligente, o *smart city*[5], de la historia, que se empezó a construir en 2003. Su testimonio desvela la dificultad de este tipo de emprendimientos. Hasta ahora, el gobierno de Corea del Sur ha invertido unos 40.000 millones de euros. Viven allí 70.000 personas, cuando el plan estimaba una población de 300.000 en 2020. Sólo 1.600

---

[5] El término *smart city* es de uso mayoritario en Europa y Norteamérica, mientras que en Asia y Oceanía suele ser más común oír hablar de *eco cities*.

organizaciones cuentan con oficinas en la ciudad, 58 de ellas son extranjeras. Los costes son abusivos y todo se sigue centralizando en la vecina Seúl, situada a 50 kilómetros, a la que se llega en unas dos horas de transporte público. La ciudad no resulta atractiva para la mayoría, por más tecnología que albergue. Sus precios son prohibitivos. Algunas de sus calles se pueden ver durante el *videoclip* de «Gangnam Style», canción que hace referencia y critica el estilo de vida elitista del barrio de Seúl de Gangnam. La elección de Songdo para el videoclip no es casual: «el gueto de los ricos» lo llamó el periódico francés *Le Monde* en un artículo publicado en 2017[11].

Durante más de una década, los planificadores urbanos estudiaron con detenimiento la construcción de Songdo. Debería ser un paraíso. La visión era crear un lugar libre de automóviles, con amplios espacios verdes y decenas de kilómetros de carriles-bici. Pero hoy calles, senderos y carriles están semivacíos. No se percibe presencia cultural, ni museos ni teatros. Acaso un cine. Falta el toque humano, se percibe la mano de la planificación de tecnólogos. La tecnología es omnipresente pero los fines de semana sus escasos habitantes escapan a divertirse en Seúl.

La primera página de *La molécula urbana* del arquitecto español Miguel Fisac, escrito en 1969, reza:

> *«Nuestras ciudades están enfermas. No funcionan. Fueron haciéndose durante siglos, para ser vividas y convivir en ellas de una forma distinta a la actual. El gigantesco crecimiento demográfico, el absentismo del campo, la concentración industrial, etc., han hipertrofiado algunas ciudades, que se encuentran al borde del colapso. Otras están creciendo vertiginosamente y muchos pueblos quedándose desiertos... Es urgente que se estructuren teorías urbanísticas, no utópicas y para un futuro lejano, sino posibles hoy y que puedan orientar, con bases reales y asequibles, los proyectos de remodelación, expansión e incluso creación de nuevas ciudades para el futuro próximo»*

El argumento, dedicado al abultado crecimiento de las urbes del siglo XX, es particularmente válido para las ciudades inteligentes. Songdo, aparte de un intento fallido de algo que sin duda funcionará en el futuro, nos enseña que el factor humano es fundamental cuando hablamos de tecnología. Es un importante museo hacia delante.

Refleja, frustradamente, lo que pueden llegar a ser las ciudades: apartamentos con las últimas tendencias en domótica, computadoras integradas en las calles para controlar el flujo de tráfico, condominios interconectados en donde los vecinos mantienen conversaciones por videoconferencia. Todo es posible hacerlo remotamente, desde abrir la puerta de entrada hasta asistir a clases universitarias. Los camiones de basura no circulan; la basura se «aspira» de las casas y se recicla para generar electricidad.

Las ciudades se desarrollarán en el futuro de una hechura similar a la que se está piloteando en Songdo, probablemente de manera más sostenida en cuanto a costes y con una planificación más humana. Se erigirán sobre un duro cimiento de automatización y tecnologías IoT: sistemas públicos de alumbrado eficientes, cosa que ya está ocurriendo en varias ciudades; promoción de energías limpias —Oslo tiene un plan para reducir al 50% sus emisiones en 2020 y al 95% en 2030—, sean renovables o plantas de cogeneración de alta eficiencia; mayor desarrollo de sensores de medición, para habilitar, por ejemplo, pagos de estacionamiento automatizados o tiendas sin intervención humana, en donde recogeremos y pagaremos solos y los anaqueles serán autoabastecidos. Todos estos casos presuponen también una manipulación de la red eléctrica eficiente e inteligente: subestaciones eléctricas de gestión y trasvase de la alta a la media tensión, transformadores, inversores y líneas eléctricas. Muchas ciudades, en especial en zonas sísmicas, tienen problemas hoy en día para ocultar los cables eléctricos de las calles. Supondrá un especial desafío para ellas.

La ciudad de Barcelona es referente europeo en la gestión municipal digital. Ha sido pionera, por ejemplo, abordando la sequía. Junto a las empresas Logitek y Wonderware, desarrolló un sistema inteligente de sensores para riego, lo que ha supuesto un ahorro del 25% del consumo de agua en parques y jardines[12]. Los sensores en el suelo analizan la humedad ambiental junto con el nivel de lluvia previsto y modifican el comportamiento de los aspersores para ayudar a ahorrar agua. La ciudad también ha publicado en internet, a disposición de todos, su plataforma de sensores y actuadores Sentilo, cuyo código fuente se encuentra en Github. La disponibilidad permite a los planificadores urbanos de todo el mundo estudiar datos de los proyectos de ciudades inteligentes de Barcelona y Terrassa, y aprender de ellos.

Pero un caso de uso resaltará sobre todos los demás en el corto plazo: la gestión del tráfico. Pittsburgh, que tiene en la Universidad Carnegie Mellon uno de los pioneros en el despliegue de vehículos autónomos, cuenta desde hace años con un sistema inteligente de semáforos llamado Surtrac (rapidflowtech.com/surtrac). Surtrac es un sistema basado en técnicas de robótica e inteligencia artificial que cuenta con cámaras instaladas en el alumbrado público y un controlador local para cada dispositivo que envía señales optimizadas a sus vecinos. Es decir: los semáforos «hablan» entre sí, «soplándose» información para llegar al consenso más óptimo posible. Surtrac procesa información cada segundo y envía información también a vehículos conectados y otros actores del tráfico.

Vehículos conectados y autónomos

Existe cierta confusión acerca de dónde estamos parados con el vehículo autónomo. La Sociedad de Ingenieros Automotrices (SAE International) arroja alguna luz, definiendo una clasificación a varios niveles. Obviamos el nivel cero, sin ninguna autonomía, y partimos de un primer estadio de automatización que implanta una mínima asistencia al conductor, donde el vehículo toma el control por momentos, como en el sistema de frenado ABS.

El siguiente nivel es una automatización parcial de la conducción, comandando eventualmente dirección y frenos, pero asistida siempre por un humano. Actualmente podemos encontrar en el mercado muchos modelos con nivel SAE 2, como el Mercedes-Benz Clase E, el Volvo XC60, los SEAT Ibiza y León, el Volkswagen Golf y el Audi A3, entre otros. Supuestamente, los vehículos de nivel 2 exigen que el conductor esté en todo momento atento. A pesar de esto, los coches comerciales de Tesla de nivel 2 ya habían causado 5 muertes a inicios del 2020[13].

El tercer nivel es el que permite que el conductor se duerma o se aparte del puesto de mando temporalmente. Por razones obvias, en este escalón empieza a presentarse un riesgo importante para la vida. Elaine Herzberg, muerta el 18 de marzo de 2018 en unas pruebas ejecutadas por Uber mientras paseaba en bicicleta, fue la primera víctima mortal de esta fase experimental. Un ejemplo de nivel 3 lo podemos encontrar en el Audi Traffic Jam Pilot que implementa el Audi A8, aunque por el momento no está permitido su uso.

El nivel 4 admite que el conductor se abstraiga completamente de la acción de manejo bajo ciertas circunstancias de entorno medidas y calculadas. El automóvil puede funcionar sin intervención o supervisión humana, pero solo en determinadas condiciones definidas por factores como la condición de la carretera o el área geográfica.

El último nivel donaría el control total al vehículo bajo cualquier circunstancia. Ni siquiera sería necesaria la instalación de un volante. La única tarea que tendría que realizar el conductor sería informar al coche del destino.

La realidad es que no hemos superado el nivel 2 y que en los primeros años de la década de 2020 estaremos viendo llegar a las calles los primeros coches con tecnología de nivel 3, en zonas restringidas. Estamos lejos de tener coches completamente autónomos circulando por cualquier calle, en cualquier circunstancia.

El principal motivo es que nuestras infraestructuras no están preparadas para un coche autónomo, de modo que las «condiciones de entorno medidas y calculadas», que permitirían evadirse al conductor, no se cumplen nunca. En mayo del 2018, el MIT presentó un vehículo autónomo que se maneja sin necesidad de mapas[14]. Es un avance especialmente interesante, porque dependemos enormemente de la calidad vial para que estos vehículos funcionen correctamente, con marcas de carril visibles o mapas bien detallados para navegar de forma segura. Impedimentos relativamente sencillos, como baches o que los carriles no estén adecuadamente delimitados con pintura, arruinan la posibilidad de un piloto automático, pues el coche avanza «leyendo» estas marcas.

El diseño de ciudades que tengan esto en cuenta es imprescindible. Waymo —filial de Google— ya está probando coches nivel 4 sin conductor de seguridad por las calles de Phoenix. Y durante el CES

(*Consumer Technology Association*) de Las Vegas de 2018, Lyft puso a disposición de los participantes paseos en taxi autónomo, en donde el coche circulaba solo por las calles, con un ingeniero de copiloto y un conductor de seguridad que solo intervenía en situaciones concretas. Pero ni de lejos todas las poblaciones cumplen con la infraestructura que tiene esta ciudad.

La distancia que un vehículo es capaz de avanzar sin intervención humana es la métrica más utilizada para medir el avance de esta tecnología. Hasta el año 2018, el coche de Google había logrado realizar dieciocho kilómetros seguidos. Le seguía el de GM con ocho. La mayoría no conseguían completar el kilómetro. Ese mismo año, un bólido de carreras con 500 caballos de potencia completó una vuelta de 1,8 kilómetros sin ninguna asistencia, en el Reino Unido. El video se puede ver en EuroNews[15].

Hay algo más allá de la tecnología: los gobiernos deberán tomar una serie de decisiones importantes en la transición de la sociedad a los vehículos autónomos. Definir, por ejemplo, bajo qué condiciones atmosféricas los vehículos estarán autorizados a funcionar en los niveles de autonomía más elevados. También tendrán que diseñar la manera en que los vehículos autónomos convivan y coexistan de manera segura entre los coches tradicionales. Una posible solución serían carriles especialmente habilitados para ellos. En todo caso, parece que estamos a décadas de distancia.

En contraposición, el concepto de coche conectado hace referencia a cómo vehículos e infraestructura se conectan por sistemas M2M para obtener beneficios, como mayor seguridad. Es algo intrínsecamente ligado a la IoT y más sencillo de obtener. El coche autónomo requiere grandes dosis de inteligencia artificial; el coche conectado es, simplemente, otra *cosa* conectada.

Fue introducido al mercado en 1996 por la subsidiaria de General Motors, OnStar. Hoy en día es posible adquirir un dispositivo IoT para nuestro coche, conectarlo al puerto ODB y disfrutar de algunas aplicaciones en remoto, como conocer nuestro consumo de gasolina o si conducimos de forma agresiva o suave. Incluso sin necesidad de instalar un dispositivo IoT específico, la información sobre tráfico en tiempo real que obtenemos de aplicaciones como Google Maps o Waze sigue la filosofía del coche conectado. Y varias marcas tienen su propio sistema, como Audi, Toyota o BMW. Estas aplicaciones recogen información y emiten recomendaciones de rutas que cambian en tiempo real según el tráfico que nos vayamos a encontrar en un periodo de tiempo determinado. ¿Parece poca cosa comparado con coches autónomos? Los coches conectados van a cambiar nuestras vidas de otras formas. Por ejemplo, cuánto y cómo pagamos nuestro seguro. Varias aseguradoras ya están experimentando con modelos de cobro ligados a nuestro estilo de conducción, que monitorean gracias a dispositivos con acelerómetro incorporado. Empresas como la *startup* Vinli evalúan y puntúan acorde a nuestra temeridad al volante. Pronto, poner el coche a 200 km/h nos costará caro, aunque no haya radares alrededor.

¿Qué tecnologías habilitarán IoT?

Varias barreras deben ser sobrepasadas para lograr empujar como merece el Internet de las cosas. Hagamos un repaso rápido por algunas de ellas y las tecnologías que las resolverán.

El primer inconveniente con el que nos encontramos es numérico. Los dispositivos conectados deben tener algún tipo de identificador. Una dirección. En el protocolo de internet actual, estas «direcciones» se conocen como direcciones IP. Con el formato que veníamos utilizando —el de la cuarta versión del protocolo, IPv4— las direcciones se acabaron hace unos años.

IPv4 tuvo un problema de ambición cuando se diseñó. El protocolo preveía la asignación de una dirección de *host* a cada máquina que se conecte a internet, de la misma manera que cuando enviamos una carta postal incluimos la dirección completa del receptor. Son a las que nos conectamos cuando accedemos a un ordenador en internet. Por ejemplo, cuando tecleamos google.com en nuestro explorador, en realidad lo que estamos haciendo es acceder a la dirección IP 216.58.197.78. Podemos abrir un explorador y teclear simplemente esos números, y accederemos a la página de Google[6]. Un sistema llamado DNS, servidor de nombres de dominio, es el que traduce entre los nombres que conocemos y sus direcciones IP. Así que cuando estamos interaccionando con otros ordenadores conectados a internet —que es lo que realmente estamos haciendo al navegar— estamos constantemente enviando y recibiendo información de máquinas con una dirección IP asignada.

Una dirección IPv4 está compuesta por cuatro bloques separados por puntos con números que van desde 0 hasta 255, o lo que es lo mismo, ocho bits. Por ejemplo, la que acabamos de ver: 216.58.197.78. Un bit recordemos que puede tomar dos valores, 0 o 1, por lo que es capaz de representar hasta dos números distintos. Dos bits se combinan para tomar cuatro valores: 00, 01, 10, 11, por lo que pueden representar cuatro números —por ejemplo, 0, 1, 2 y 3, de manera que «10» en sistema binario es «2» en sistema decimal—. Análogamente, para poder representar 256 números necesitamos ocho bits (2^8). Como tenemos cuatro posiciones distintas con las mismas posibilidades, podremos obtener 2^{32} direcciones distintas ($2^8*2^8*2^8*2^8$). Esto son 4.294.967.296 direcciones. Parecen muchas posibilidades, pero la realidad es que se agotaron en el año 2011[16]. No todas estas direcciones las ocupan máquinas únicas. Ciertos rangos están reservados para tipos especiales de direcciones, como las IP locales, por ejemplo 192.168.0.1. Este tipo de subredes, junto a la jerarquización y la virtualización es lo que ha permitido que internet no colapse a pesar de la falta de direcciones nuevas. Pero la implantación de una nomenclatura ampliada se hace imprescindible.

Una nueva versión del protocolo de internet, IPv6, sustituirá pronto a la que tenemos —de hecho, ya se lleva utilizando algunos años—. Si te estás preguntando por qué no se llama IPv5, es porque una serie de protocolos experimentales, desarrollados a partir de 1979 y conocidos como *Internet Stream Protocol*, toman ese nombre. Las direcciones IPv6

---

[6] Antiguamente, esto se podía hacer con la mayor parte de servidores. Hoy en día existen muchos servidores web que utiliza hosting virtuales, lo que supone tener que hacer una petición distinta. De otro modo accederemos a la página del *host* virtual o simplemente recibiremos un mensaje de error.

se componen de ocho bloques hexadecimales de cuatro elementos, en total 32 posiciones. Cada elemento toma un valor de 0 a 9 o de A a F, o sea, dieciséis posibilidades distintas. Un solo bloque de una dirección IPv6 tiene tantos valores posibles como una dirección completa IPv4. Al tener ocho bloques, tenemos en total 16^{32} o 2^{128} posibilidades, 340 sextillones de direcciones. Parece que sí serán suficientes esta vez. Según un informe presentado por Gartner en 2018[17], 25 mil millones de «cosas» estarían conectadas a internet en el año 2020. Es una estimación asombrosa, teniendo en cuenta que el mismo informe señala que 4.900 millones de dispositivos se conectaron en 2015. Esto supone un crecimiento del 400% en apenas un lustro. Este aumento en solo cinco años arroja algo de luz sobre cuánto crecimiento de IoT podemos esperar ver en los próximos 10 o 20 años.

Una vez que tenemos los dispositivos bien identificados, veamos cómo pueden recibir datos. Lo más habitual, cuando estamos en nuestras casas, es tomar una señal Wi-Fi que emite nuestro router, al que la conectividad le llega por cable de cobre o fibra. En aplicaciones domóticas, los dispositivos aprovechan esta conectividad local para comunicarse, y también otros protocolos de corto alcance como Bluetooth. Pero para tener dispositivos remotos y lejanos, no podemos simplemente llevar fibra a todas partes e ir instalando routers Wi-Fi como si fueran migajas de pan. Lo más habitual es que los dispositivos lleven instalada una tarjeta SIM, como las de nuestros teléfonos, y se conecten usando datos de la red de telefonía móvil.

¿Recuerdas las operaciones quirúrgicas en remoto? Los primeros pilotos adolecían de alta latencia, o lo que es lo mismo, una baja capacidad de reacción del dispositivo, algo inaceptable cuando estamos interviniendo quirúrgicamente. El acrónimo 5G hace referencia a la quinta generación de tecnologías de telefonía móvil. Cada nueva «g» marca un cambio radical en la naturaleza en que se transmiten los datos a través de las redes de comunicaciones inalámbricas, sea su velocidad, ancho de banda o latencia.

La red de primera generación se utilizó de forma analógica. Transmitía la señal completa, no digital, y solamente permitía llamadas de voz. Además, no todas las redes se basaban sobre el mismo protocolo, con lo que fue una generación más bien heterogénea. Aún así, todavía en 1990 se usaba esta tecnología y el parque mundial de teléfonos oscilaba alrededor de los 20 millones. La segunda generación (2G) ya introdujo tecnología digital y un protocolo común, el GSM. Con ella, por primera vez se pudieron enviar mensajes de texto.

La introducción de 3G acrecentó drásticamente la tasa de transmisión de datos y su capacidad, además de proporcionar soporte multimedia, que permitía enviar video y fotografía por mensaje, con los fallidos MMS, e integración con los protocolos de internet, con TCP e IP, para poder navegar a través del teléfono. La cuarta generación aumenta el ancho de banda y reduce el costo de los recursos.

La importancia de 5G no será menor. La domótica y los electrodomésticos conectados permiten automatizar las tareas de la casa, lo que no solo mejora la comodidad personal sino también socorre a quienes necesitan ayuda en las tareas cotidianas. Son avances no desdeñables. Pero los más significativos los veremos en la tecnología de vehículos autónomos, cirugía remota y otras aplicaciones avanzadas, solo posibles con 5G. Para muchos, el aumento de velocidad será la característica más visible de 5G. No obstante, el estándar promete proporcionar muchos más beneficios, desde una mejor capacidad de respuesta al reducir la latencia, hasta la posibilidad de conectar más dispositivos al mismo tiempo. La menor latencia supone una mayor «capacidad de reacción» de los objetos conectados, algo clave para las aplicaciones en tiempo real y que resultará crítico a medida que más y más individuos hagan uso de los dispositivos inteligentes. 5G promete habilitar IoT para usarlo con hologramas en tres dimensiones, realidad virtual y realidad aumentada, ciudades inteligentes con conexión en espacios públicos, un mejor control del tráfico y muchas otras aplicaciones que dependen de un tiempo de respuesta casi instantáneo.

Este uso más intensivo conllevará dificultades de alimentación de la batería. Ya las sufrimos con los teléfonos inteligentes, cuya capacidad de batería no ha escalado en la misma cantidad que su potencia, por lo que la consumimos antes que en los primeros modelos. En gran medida, la capacidad del IoT para trabajar en ubicaciones de difícil acceso dependerá de cómo evolucionen las baterías en los próximos años.

Afortunadamente, este problema está recibiendo la atención que merece, con investigadores de todo el mundo trabajando arduamente para abordarlo. Se están investigando nuevos materiales, experimentando con baterías de aluminio, en sustitución de las de ion litio utilizadas hoy en día, pero con la posibilidad de recolectar energía de las ondas de radio Wi-Fi y Bluetooth.

Pero lo mejor en el corto plazo podría ser *no tener batería*, con la evolución de estándares de comunicación de bajo consumo como ANT+, Zigbee, Z-wave e incluso algunos de más largo alcance como Sigfox o LoRa. Durante la última década, el despliegue de aplicaciones sin batería con recolección de energía solo había sido viable para aplicaciones de muy corto alcance como NFC. Pero tomemos el ejemplo de Bluetooth 5. Tiene menor consumo de energía que cualquiera de las soluciones de conectividad inalámbrica previamente implementadas y permite recolectar energía de su señal. Su alcance ha aumentado cuatro veces y ya es comparable al de Wi-Fi. La vida útil de la batería de un dispositivo IoT conectado a Bluetooth 5 ha mejorado significativamente. Con el nuevo protocolo, una radio disminuye su consumo de energía de cinco a diez veces. Considerando las proyecciones de número de dispositivos IoT en el mundo, esta reducción supone un impacto descomunal en el consumo energético global. Con tecnologías de potencia ultrabaja, el consumo de energía es lo suficientemente reducido como para ser soportado por energía de radiofrecuencia, extraída de la propia señal, pero también de la luz o calor recolectados mediante placas fotovoltaicas o termosolares. Dicho de otro modo: para muchos dispositivos IoT, el consumo de energía podría ser menor que la energía recolectable por el propio aparato. Podrían funcionar sin batería.

Todavía no hemos llegado a esto. Por el momento sabemos que nuestra trayectoria de consumo de batería no es sostenible. Cambiar frecuentemente de batería no es viable. Encontraremos formas de aumentar la duración de la batería de los dispositivos conectados, de forma parecida a la transición de las bombillas incandescentes hacia las luces LED. Los mismos consumidores exigirán este cambio.

De la misma manera que evolucionarán las baterías —hasta eventualmente desaparecer de algunas aplicaciones—, la tarjeta SIM que usamos en nuestro teléfono ha sufrido algunas modificaciones desde su introducción en 1991. Del tamaño de una tarjeta de crédito pasó a la miniSIM clásica (2FF) y comenzó a reducir su tamaño, primero al microSIM (3FF) y luego al nanoSIM (4FF). La miniSIM llegó en 1996, pero no fue hasta el lanzamiento del iPhone 4 que nos mudamos a la microSIM, y al del iPhone 5 cuando dimos el salto a la nanoSIM. Y pronto nos olvidaremos de todos ellos, porque la eSIM ha llegado para reemplazarlos.

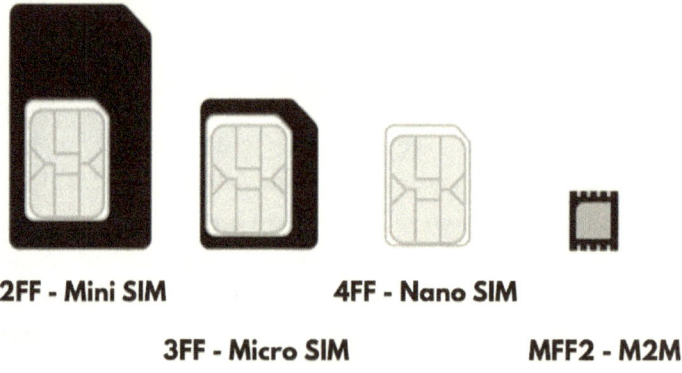

2FF - Mini SIM   **4FF - Nano SIM**

3FF - Micro SIM   **MFF2 - M2M**

Figura 6: evolución de la SIM.

El concepto de eSIM parte de una SIM integrada llamada MFF2, sellada directamente a la placa durante la fabricación. Desde una perspectiva técnica, funciona de la misma manera que una tarjeta SIM normal, pero al estar integrada se convierte en una opción perfecta para dispositivos en condiciones difíciles, como los ubicados al aire libre —se protege del clima— o en constante movimiento y vibración. Además, un chip implantado no se duplica o extrae en caso de robo, lo que lo hace más seguro —aunque, por supuesto, todavía podrían robar el dispositivo completo—.

Es importante no confundir el chip MFF2 con la solución eSIM. eSIM es un protocolo *software* que se implanta soldando una MFF2 en la placa de circuito, pero también podría aparecer en otro tipo de chip. eSIM debe entenderse como una tecnología de *software* y comunicaciones, no simplemente un nuevo tipo de tarjeta. Un nuevo estándar que trae a la mesa varios beneficios. También algunas dudas. Por ejemplo, ¿cómo vamos a cambiar de operador móvil si no es posible extraer la eSIM? Las portabilidades serán aún más simples, ya que será suficiente con comunicar a nuestro operador que vamos a cambiar la numeración del eSIM —un código ICCID de 19 o 20 dígitos — para asociarlo al nuevo proveedor. Y tendremos la posibilidad de asociar la misma tarjeta con más de un operador de diferentes países. La eSIM hará que sea más fácil vincular el mismo número a diferentes dispositivos, y también podría hacer que sea más fácil tener una sola factura y un plan de precios para todos ellos. La solución se implanta una vez y se modifica de forma remota durante décadas sin comprometer la seguridad.

Es posible, incluso, que ya no necesitemos un teléfono para comunicarnos. Para muchos usuarios, la comunicación se basa en mensajes de WhatsApp, Telegram y otras aplicaciones. Por otro lado, hasta ahora los relojes inteligentes recibían la conectividad del móvil a través de Bluetooth, pero con el eSIM pueden tener su propio contrato y conexión independientes. Muchos usuarios estarían más interesados en comprar un reloj inteligente y unos audífonos inalámbricos por menos dinero que un teléfono móvil, y usarlos para comunicarse y escuchar Spotify.

Se espera que pronto el sector de la electrónica de consumo lidere el mercado en términos de cantidad de conexiones. Deutsche Telekom sacó a mercado a finales del año 2019 la nuSIM, específicamente diseñada para dispositivos de bajo costo utilizados en aplicaciones móviles de IoT con una larga vida útil, como rastreadores de activos o sensores inteligentes de movimiento o temperatura. Se prevé que el sector automotriz genere la mayor cantidad de ingresos de conectividad. También sectores de servicios públicos, transporte y seguridad están avanzando hacia la adopción de eSIM.

Todo indica que a partir de 2020 la eSIM comenzará a incluirse en masa y por defecto en los teléfonos inteligentes de gama alta más novedosos. Incluso veremos la expansión de eSIM en el sector portátil y convertible. Podría haber un periodo de transición en el que veamos tanto un eSIM como una ranura para nanoSIM en los teléfonos inteligentes, lo que les da a los operadores tiempo para adaptarse a la tarjeta virtual. Pero la llegada del eSIM es ya un hecho.

Blockchain

En estricto sentido, *blockchain* no es una tecnología que habilite IoT. Pero he querido incluirla en esta sección por su importancia indiscutible y algunas consideraciones respecto al internet de las cosas que comentaré al cierre. Veamos brevemente cómo funciona.

Primero fue el bitcoin, que es una criptomoneda. Aquí comienza la confusión. ¿Bitcoin o *blockchain*? En el artículo fundacional de bitcoin del año 2009, escrito por Satoshi Nakamoto —quien, a pesar del nombre, se cree que es un grupo de personas de ascendencia no japonesa—, nunca se menciona la palabra *blockchain*. Bitcoin fue una propuesta brillante para resolver algunos problemas asociados a la creación de una moneda no centralizada, mediante el uso de una red de pares. Una red parecida a las que hablábamos hace algunas páginas, como Napster o eMule. Pero poco después se entendió que sus elegantes soluciones y forma de estructurar los datos resultaban también útiles en otras aplicaciones que precisasen un registro contable. Nació entonces el concepto de *blockchain*, que comenzó a hacerse popular a partir del 2015.

En inglés, el uso común del artículo determinado *the* justo antes de la palabra *blockchain* parece dar a entender que *blockchain* es una instancia específica de algo, una cosa material, visible y palpable. (En español también nos referimos a «*la blockchain*» o «*la* cadena de bloques»). Pero no lo es. *Blockchain* es una idea platónica de estructura de datos, una guía abstracta para almacenar información, materializable en tu casa con tu lenguaje de programación favorito, o tomando prestado un código preexistente —JavaScript es el más común por el momento—. Varias posibilidades y cierto grado de libertad. Las implementaciones más básicas de *blockchain* que se encuentran en la red tienen menos de 200 líneas de código.

De modo que *blockchain* es una estructura de datos. ¿Eso qué significa? Simplemente una forma de almacenar, acompañada de algunas reglas útiles para ejecutar operaciones sobre lo almacenado. Por ejemplo, una lista de la compra es una forma muy simple de estructura de datos. Parece obvio, pero el hecho de estructurarlo en forma de lista tiene algunas ventajas. Al separar cada objeto en una línea sabemos que se trata de objetos diferentes. Si recibiéramos una lista de la compra en chino, podríamos ser capaces de identificar, palabra a palabra, e intentar traducirla. Si los objetos apareciesen todos seguidos sería imposible para nosotros entender el mensaje. No podríamos saber si nos encontramos ante una oración completa o un elenco inconexo de ítems. La estructura nos da información adicional. Una tabla de hoja de cálculo, como las que creamos en Excel, es otro tipo de estructura de datos, con cada celda identificada por su columna y fila. Una lista ordenada alfabéticamente es una estructura de datos con algunas reglas: hay un orden entre los elementos, en este caso la primera letra de cada palabra.

Blockchain, en su forma más simple, es una cadena de bloques en sucesión, cada uno de los cuales contiene un identificador, una marca de tiempo, algunos datos y una referencia al siguiente bloque. Podríamos crear una cadena de bloques muy primitiva en papel o en nuestra computadora, simplemente abriendo el procesador de texto y comenzando a crear documentos con un identificador —por ejemplo: 1, 2, 3...—, la fecha y hora en la que lo creamos, algo de información y una referencia al siguiente. Así de simple. Un montón de archivos de texto, cada uno de los cuales representa un bloque, que incluyen datos, con marca de tiempo y relacionados a través de enlaces con el anterior. Esa estructura la podemos utilizar para muchas cosas. En el caso de bitcoin, los datos almacenados son, por supuesto, transacciones monetarias entre pares. Cualquier bloque en la cadena de Bitcoin incluirá mensajes del tipo «el individuo A transfirió 0,3 bitcoins al individuo B».

No parece impresionante. Necesitamos agregar más cosas. Lo primero, por supuesto, distribuir la información: enviamos una copia de toda la cadena a lo largo de todos los nodos de una red. Cuando abrimos un *wallet* o billetera electrónica para invertir en criptomonedas, lo primero que ocurre es la descarga de la cadena completa de transacciones desde el inicio de bitcoin, en nuestro ordenador. Están allí, todos ellos, almacenados. Recuerda que uno de los objetivos de bitcoin era crear una moneda sin la intervención de ninguna institución centralizada —un banco central como la FED o el BCE—. Pensemos en *blockchain* como una especie de base de datos distribuida y descentralizada. Con la diferencia de que en el caso de una *blockchain* cada participante tiene una copia completa de todo el registro. Tener todo el registro contable en cada nodo de la red hace que *blockchain* sea diferente de algunas implementaciones de bases de datos distribuidas, como MongoDB o Cassandra o cualquiera de los nuevos modelos de bases de datos. El sistema de archivos distribuidos Apache Hadoop (HDFS), del que hablaremos un poco más adelante, es otro tipo de sistema de almacenamiento de archivos distribuido.

Además de las copias completas en cada nodo, lo que hace *blockchain* diferente es que sea una estructura de «solo agregación», en inglés *append-only*. Esto significa que no está permitido editar, eliminar o manipular absolutamente ningún registro antiguo. Solo se acepta corregir agregando nuevos bloques a la cadena. Que no sea posible manipular el pasado es clave cuando los participantes no se conocen y se necesita generar confianza entre pares. Recuerda que aunque tú estés transfiriendo dinero a un conocido, el registro lo estás manteniendo junto a una comunidad de gente que no lo es.

Imagino que tendrás algunas dudas. Por ejemplo: «si me descargo todo el registro de transacciones de bitcoin en mi computadora, ¿significa que puedo espiar lo que todos han hecho en el pasado con su dinero?». Lo cierto es que los puedes ver, pero eso no significa que los puedas entender, porque están cifrados. Esta es la forma en que bitcoin garantiza la privacidad. Las cadenas de bloques usan funciones hash. Un hash es una función matemática que convierte cualquier información de tamaño aleatorio a un tamaño fijo, generalmente una cadena alfanumérica —«e0bc42f...»—. Más específicamente, Bitcoin usa SHA256, que convierte datos a una cadena de exactamente 256 bits, representada en 64 posiciones que contienen un número entre 0 y 9 o una letra entre A y F. Por ejemplo, vamos a convertir un par de frases a SHA256:

"De qué hablamos cuando hablamos de innovar" =>
E04A577E52DC2958CE3B0402B88B5AECF53323C1A4A379B8A3
9063C870C88C85

"¡Hola!" =>
FFB948556A252FEC4AA0601DA677FDA38BB2AB0BE63CC9C72
6BEBFD1B3500D62

Piensa en un hash como una firma o un sello de seguridad. Es una forma inteligente de garantizar que nadie pueda manipular un bloque antiguo en la cadena de bloques. El hash es el resultado de introducir todos los datos de un bloque en una «batidora» que devuelve una cadena alfanumérica única resultado de esos datos. La forma en que los bloques se relacionan no es a través de números simples sino mediante estas marcas. Si obligo a que mi *blockchain* obtenga un hash con la combinación de todos los datos contenidos en el bloque, al querer variar alguno de ellos, el hash resultante obligatoriamente será distinto. Si trato de manipular un bloque, por ejemplo cambiando la hora en que se creó, el hash resultante para ese bloque cambiará. Si trato de cambiar algo en los datos contenidos, digamos la cantidad de dinero transferida, el hash cambiará. Si trato de manipular el orden diciendo que el bloque anterior es diferente, el hash cambiará. Etcétera. La cadena de hashes garantiza que la historia sea incorruptible.

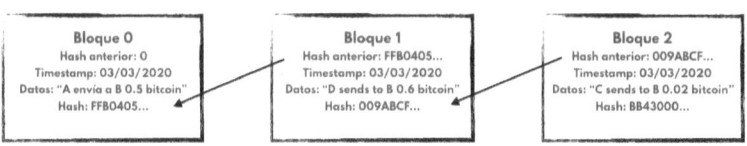

Figura 7: una *blockchain* básica.

Pero supongamos que quiero manipular una *blockchain* de cinco bloques, modificando algunos datos del segundo de los bloques. El hash resultante para el tercer bloque será diferente. Nada me impide viciar los datos, obtener el nuevo hash y luego corregir el tercer, cuarto y quinto bloque hasta tener una cadena bien formada. Con la paciencia suficiente, podría falsificar la cadena entera y conseguir mi objetivo. Para impedir ese tipo de ataque es donde entra la prueba de trabajo.

La prueba de trabajo es un rompecabezas matemático que requiere tiempo y esfuerzo de computación para que un nodo —un participante de la red— cualquiera agregue un bloque a la cadena. En el caso de bitcoin, ese rompecabezas consiste en agregar a la «batidora» de datos del bloque un número adicional, llamado *nonce*, con la condición de que el hash resultante sea una cadena que comienza con un cierto número de ceros. Es decir, le decimos a nuestra CPU: «toma, aquí tienes estos datos del bloque, ahora tú combínalos con *algo* hasta que el hash resultante comience por, digamos, trece ceros». Ese *algo* es el *nonce*. La máquina comenzará a probar y probar. En el caso de bitcoin, la dificultad se ajusta para que se complete en un promedio de 10 minutos, y se va variando con el tiempo según aumenta la capacidad de cómputo de los ordenadores. A la gente que dedica su computadora a realizar estos rompecabezas y a ayudar a formar la *blockchain* se les llama «mineros» y, a cambio del gasto computacional, se les premia con bitcoins nuevos. Esta es la única forma de crear bitcoins, de la misma forma que los bancos centrales imprimen moneda. Con la diferencia de que, en el caso de bitcoin, es conocido el ritmo y calendario de creación, hasta llegar a un tope de 21 millones, a partir del cual no se crearán más. Por eso se dice que bitcoin es una moneda deflacionaria: pronto dejarán de «acuñarse» nuevas monedas.

Volvamos a nuestro intento de manipular una cadena de cinco bloques. Dedicar un promedio de 10 minutos para agregar un bloque en una red distribuida dificulta enormemente lograr mi ataque. Estamos en una red, y cualquiera está autorizado a agregar un bloque. Una vez que manipule el segundo bloque, necesitaría ser el más rápido agregando el nuevo tercer bloque, y nuevamente el más veloz agregando el cuarto bloque, y una vez más agregando el quinto bloque. Si la red es lo suficientemente grande, es imposible que ocurra. Así es como se evitan los fraudes en la cadena de bloques.

Blockchain, por tanto, permite que un grupo de sujetos que no se conocen mantengan en conjunto un registro contable, sin necesidad de confiar entre ellas, solo con el aval de los mecanismos de seguridad que el algoritmo implementa. Existen también *blockchains* privadas, usadas en el ámbito interno de organizaciones, donde la prueba de trabajo no es necesaria, y la seguridad se configura a través de un proceso llamado «respaldo selectivo» —*selective endorsement*, en inglés

—. Los usuarios autenticados son quienes verifican las transacciones. En *blockchains* en donde sus participantes no se conocen, la prueba de trabajo asegura un sistema de consenso y confianza mutua.

¿Por qué la interacción entre *blockchain* y IoT será tan importante en el futuro? Porque el esquema centralizado sobre el que se está impulsando IoT no será viable en el inabarcable océano de dispositivos conectados que está llegando. Los servidores coparán su capacidad y serán una fuente de riesgos de seguridad. Para evitar estos riesgos, se necesitará aumentar el gasto en ciberseguridad, lo que hará que los casos de negocios para algunas aplicaciones IoT se vuelvan imposibles. Será necesario dotar de autonomía a los dispositivos: de autonomía energética, con aplicaciones que no requieran batería y se autosustenten; y lógica, para tomar cada vez más decisiones sin supervisión central. La confianza que generan estructuras como *blockchain* se adapta excelentemente a un escenario con millones de dispositivos conectados e interactuando entre ellos, posiblemente representando los intereses de personas u organizaciones distintas. Usando contratos inteligentes[7], se automatizarán muchos procesos dentro de la plataforma y los dispositivos tendrán «autonomía» para tomar decisiones sin pasar por el servidor central.

Todo esto, en realidad, no es tan futurista. Varias empresas lo están poniendo en práctica desde hace algunos años. El gigante danés de logística y transporte Maersk implementa desde hace algún tiempo la solución Hyperledger de IBM para cambiar su cadena de suministro global[18]. La teleco australiana Telstra invierte en proyectos de *blockchain* con IoT para entender cómo proteger de ataques sus

---

[7] Los contratos inteligentes son un concepto introducido por primera vez en otra famosa *blockchain* y criptomoneda, Ethereum, por su creador Vitalik Buterin. Son simplemente código programado sobre una *blockchain* para ejecutar algunas acciones dadas ciertas premisas, llamadas «el contrato». Los contratos inteligentes permiten la realización de transacciones creíbles sin la intervención terceros. Por ejemplo, en el futuro algunos países podrían querer crear una *blockchain* con todos los vehículos conectados, forzando contratos inteligentes regulatorios que obligasen a las centralitas de los coches a declarar una violación de los límites de seguridad. El fin de los radares.

dispositivos domésticos inteligentes. Están combinando biometría, *blockchain* e IoT, para detectar cualquier intento de manipulación o piratería de seguridad, para lo cual prueban a hackear las redes conectadas a los dispositivos IoT[19]. El *hub* de innovación finés Kouvola también está utilizando tecnología de IBM para combinar ambas cosas en un proyecto financiado por la Comisión Europea[20].

Big Data

Aunque el término *big data* se hace popular durante este siglo, se trata de algo antiguo. En todas las épocas se almacenaron datos y en todas ellas los expertos tuvieron la sensación de que lidiaban con cantidades «ingentes» de ellos.

Las disciplinas que hoy se relacionan con *big data* no son más que una escisión o evolución sofisticada de la ciencia estadística. Desde el año 1663 tenemos los primeros rudimentos de análisis: John Graunt registrando y analizando datos sobre la peste bubónica en Europa para alertar sobre sus consecuencias. Lo que hoy llamamos *big data* difiere en las herramientas, mas no en los objetivos. Implica la creación o captura de grandes cantidades de datos complejos, su almacenamiento, su recuperación o preparación y, finalmente, su análisis.

Hagamos un repaso a la evolución histórica. El primer registro del término inglés *business intelligence*, «inteligencia de negocio», se acuña en 1865 para describir la ventaja competitiva que el banquero Henry Furnese había obtenido de analizar de forma estructurada información relevante sobre sus actividades financieras. El vocablo se empieza a hacer realmente popular a partir de la década de los 50. A mediados de los 60 nacen los primeros *data centers*, como el de IBM en los Estados Unidos, diseñado para almacenar huellas dactilares e información fiscal estadounidense. En 1970, Edgar Codd describe las bases de datos relacionales, de las que hablaremos en un momento. En estos años encontramos numerosas referencias a la preocupación de los empleados en las nuevas disciplinas informáticas para analizar y procesar toda la información que se generaba. Lo que diferencia los primeros y rudimentarios análisis estadísticos y demográficos, la inteligencia de negocio del siglo XX y la llegada del *big data* actual es, simplemente, una cuestión de magnitud en varios factores.

¿Qué factores? Ante todo, volumen: como ya vimos, la cantidad de datos generados crece exponencialmente. Y, aunque se suelen citar los casos típicos de redes sociales, existen ejemplos en todas partes. El gobierno indio lanzó en el año 2009 el proyecto Aadhaar, que registra información biométrica —iris y minucias dactilares, entre otros— a los residentes en el país. En el año 2019 tenía registro de 1.246 millones de individuos, siendo la base de datos biométrica más grande del mundo hasta la fecha. Cada vuelo de los aviones de Boeing genera diez gigabytes por segundo[21]. Las aplicaciones del internet de las cosas generan cantidades colosales de datos cada minuto. Etcétera.

Aunque la cantidad es la faceta más característica, también lo son la velocidad y su variedad. Pensemos en las operaciones que se realizan cada segundo en las bolsas de valores de forma electrónica o la magnitud de la información que generan las nuevas versiones en línea de los videojuegos más populares. Los datos procesados incluyen texto, audio, video, información de redes sociales y mucho más. De forma estructurada y no estructurada.

¿Qué es eso de «estructurado» y «no estructurado»? La mayor parte de las bases de datos profesionales en los últimos años se han diseñado bajo un arquetipo matemático llamado modelo entidad-relación (E-R), descrito por Edgar Codd. El modelo E-R es una representación abstracta de la realidad, en el que las «entidades» —cosas o personas— se «relacionan» entre ellas mediante acciones o asociaciones de pertenencia. Las entidades cuentan también con atributos que describen a la entidad. Por ejemplo, para una persona, su nombre. Las relaciones múltiples también pueden contener atributos. En la relación entre un «pedido» y un «artículo» puede haber también una «cantidad» de ellos. Aunque no hayas visto una base de datos relacional nunca, estoy seguro de que eres capaz de entender este diagrama de entidad-relación:

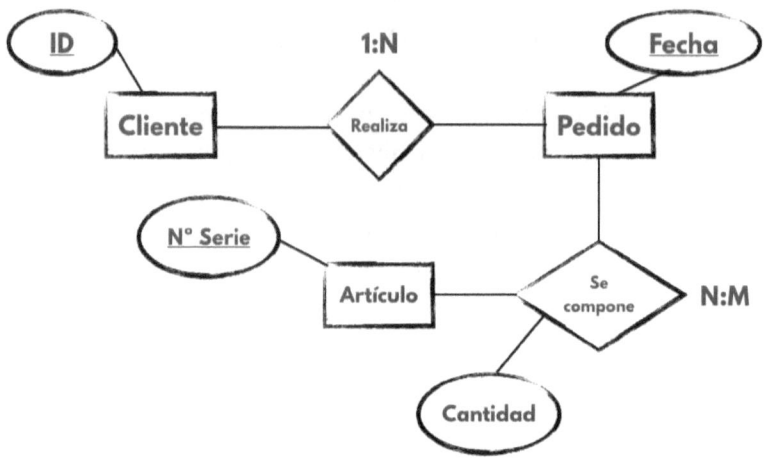

Figura 8: ejemplo de modelo entidad-relación

En él se describe una relación comercial. Un cliente, que tiene un DNI como atributo definitorio, puede realizar cierto número de pedidos, que son identificados por su fecha. A su vez, un pedido se compone de una cantidad de artículos de una cierta índole, que descubrimos por su número de serie. Viceversa, un artículo también puede pertenecer a varios pedidos, porque no son únicos. Es un diagrama que modela una actividad básica. ¿Cómo se podría mejorar? Posiblemente ampliarlo para conocer cuántos artículos tenemos en existencias, de modo que podamos evitar pedidos con una cantidad superior de artículos a la que tenemos. Con este sistema, tal cual está diseñado, no podríamos, porque no existe la entidad «almacén». (Con frecuencia nos sorprendemos de que un *software* no permita realizar alguna acción. Recuerda que sus desarrolladores tienen que comenzar por algún lado, modelando paso a paso). Este modelo que hemos creado actúa como un «corsé» que describe exactamente *qué* información debemos registrar y *cómo* la debemos registrar: un cliente con su DNI —con su formato particular—, un artículo con su número de serie. A esto se le llama información estructurada. Las bases de datos relacionales han dominado la gestión de los datos hasta bien entrado el siglo XXI.

Con la aparición, a partir de inicios de este siglo, de cantidades formidables de datos no estructurados, se ha vuelto necesaria la construcción de aplicaciones informáticas no tradicionales para el procesamiento y trato adecuado de estas masas ingentes y desordenadas. A los arquitectos de estas aplicaciones los llamamos «científicos de datos».

Veamos qué supone exactamente tratar con información «no estructurada». Para quien no se haya visto nunca cara a cara con una base de datos relacional, una forma intuitiva de entender esta complejidad es pensar en una lista personal con tareas que preciso realizar para el trabajo, con su fecha y el individuo al que debo entregarle algo. Podría pensar en un modelo E-R: una tarea tendrá como atributos un identificador, una descripción y una fecha de entrega. Una persona tendrá un nombre, y un puesto, por ejemplo. Pero se puede imaginar aún más sencillo: puedo tener esa información simplemente en un fichero Excel, donde cada celda ocupa un dato concreto de una clase específica. Por ejemplo, tendría todas las fechas de entrega en una columna. Sobre ellas puedo hacer operaciones, como ordenarlas. De esa forma, puedo saber cuál es la tarea más urgente que tengo. Recordemos el ejemplo de la lista escrita en chino de la que hablábamos en la sección anterior. La estructura de datos concede información por sí misma, y un *software* que haga uso de ella nos proporciona funcionalidad extra.

Bien, nada me impide tener la misma información en un fichero plano del bloc de notas, en formato txt. O en un papel, escrita a mano. La información puede ser la misma, pero ya no está estructurada para un ordenador. Es solo texto. No tengo forma de hacerle entender a mi ordenador que «12/04/20» es en realidad una fecha, porque él solo entiende que ahí hay seis números y dos barras laterales. O que entienda mi letra al escanear el papel. Si quisiera enseñarle sobre un archivo de texto, podría mostrarle algún truco: «cuando veas una expresión de la forma dd/mm/aa, eso es una fecha. Los dos números que representan dd son el día, los que representan los dos mm son el mes y los que representan las dos aa son el año». Eso se puede programar. Técnicas de ese tipo son las que usan los programadores para la búsqueda de texto cuando implementan expresiones regulares o para demarcar segmentos de red cuando usan máscaras. Bueno, esto es relativamente sencillo. ¿Y si quisiera enseñarle lo que es un nombre? Podría cotejarlo contra un listado de nombres que yo le entregue a la máquina y buscar esas palabras: Juan, José, Rosa. O proponer algunas reglas: los nombres propios siempre se escriben con mayúscula. ¿Qué pasa si me encuentro un fichero con un nombre en minúscula? Muchos escriben incorrectamente los meses y los días del año con mayúsculas, por influencia anglosajona. ¿Y si me topo con un «Martes» o un «Agosto»? ¿Son nombres de personas? No lo son.

Esto no es más que un atisbo de los desafíos con los que los científicos de datos se encuentran a diario. Como si fueran paleontólogos, que ante una excavación con restos de dinosaurio clavan picas, delimitan zonas y limpian cuidadosamente cada uno de los huesos hasta etiquetarlos, los científicos de datos deben peinar, con brochas finísimas, yacimientos de datos que no están etiquetados de ninguna forma.

Quizás entre el 80% y el 90% de la materia prima con la que trabajan los científicos de datos sea desestructurada. Pero incluso esta información tiene cierto sentido y estructura interna. Los mensajes de correo electrónico cuentan con un emisor, un receptor, un asunto y un cuerpo. Los documentos de texto plano tienen un idioma, por ejemplo el ruso, y se sabe que no pueden llevar video incrustado. Los videos tienen un algoritmo de compresión, por ejemplo MPEG, que nos permite saber ciertas cosas sobre su estructura. Las fotos, archivos de audio, presentaciones, páginas web y muchos otros tipos de documentos comerciales, también. Se consideran «no estructurados» porque los datos que contienen no se encorsetan bajo un modelo E-R, en donde existe una entidad «Cliente» con un campo «apellido» que podemos consultar y del que podemos esperar cierto tipo de información concreta. Quizás sería más preciso decir que los científicos de datos trabajan con información «heterogéneamente estructurada». Su trabajo se parece más al de ordenar nuestra habitación que al de enseñarle a un ordenador lo que es un nombre propio.

En los últimos años han aparecido paradigmas de base de datos especializadas en tratar datos no estructurados, conocidos como «NoSQL». SQL es el lenguaje de consulta principal en bases de datos relacionales. NoSQL no sigue, por tanto, el modelo conceptual entidad-relación. Existen varios tipos de bases de datos NoSQL: las de clave-valor, que ligan un dato a una clave y recuerdan remotamente a la forma en que las bases de datos almacenan; las de grafo, que son frecuentemente usadas en redes sociales; y las orientadas a documentos, que se diferencian de las primeras en que estructuran el dato que ligan a la clave con un cierto formato: XML, JSON o BSON. BSON es el formato usado por la más popular de todas ellas, MongoDB. Big Data se puede asimismo aprovechar de las ventajas de la flexibilidad de Cloud mediante el uso de almacenamiento de objetos en la nube; y con el uso del paradigma *serverless*, que consiste en el despliegue de código sin preocuparse por la infraestructura subyacente, pagando por lo que se consume.

De los data warehouses a Hadoop

Ahora que comprendemos mejor algunos conceptos, profundicemos un poco en la historia de los datos. En los años 90 la mayor parte de las organizaciones tenían repositorios de datos llamados *data warehouses*. Estos trataban información estructurada, histórica y normalmente organizada por temáticas en unos subconjuntos llamados *data marts*. Podía existir, por ejemplo, el *data mart* de Finanzas. Un elemento que define a un *data warehouse* y que lo diferencia de una base de datos relacional normal son los cubos OLAP, también inventados por Edgar Codd. Disponen los datos en vectores de varias dimensiones con el objetivo de facilitar los análisis de grandes cantidades de datos. Porque en los 90 no había Big Data, pero sí había ya cantidades considerables de datos a ser analizados.

La llegada de Hadoop en el año 2006 supuso una revolución.

A principios de los 2000, Google ya tiene en marcha su buscador, su algoritmo de ordenación *PageRank* y su araña que navega por la red y rescata información sobre páginas web publicadas, *GoogleBot*. Se dedican a indexar como poseídos toda la información que cae en sus garras. La vida es bella. En cierto momento, se dan cuenta de que se les amontonaba el trabajo. No había capacidad suficiente. No indexaban al ritmo que querían. Era comprensible además pensar que ningún programa —especialmente uno implementado en *hardware* de esa época— pudiera indexar todo internet en una sola máquina. De modo que aumentan el número de máquinas a cuatro, lo que acrecenta el avance, pero aún necesitan coordinar el trabajo de cada máquina manualmente, consolidando toda la información.

Al mismo tiempo, más personas se hallan preocupadas por el problema de la indexación. Por ejemplo, Doug Cutting y Mike Caffarella, que acababan de empezar a trabajar para la Fundación Apache. Un buen día del 2003, descubren que Google publica un artículo[22] en el que se describen y solucionan algunos problemas relacionados con el almacenamiento de datos. Lo implementan en Java, dando lugar al sistema de archivos distribuidos NFDS —de Nutch, posteriormente rebautizado a HFDS, de Hadoop—. Hadoop aún no existe. Bien, han solventado el problema estructural. Ya no van a utilizar una sola máquina. Tienen una capa de almacenamiento distribuido, justo lo que necesitan. Además, con funcionalidades extra: rebalancea automáticamente dentro del cluster, de modo que ninguna computadora se ve sobrecargada, al mismo tiempo que otra se encuentra ociosa; tiene la capacidad de gestionar fallas de *hardware*; no pierde paquetes de datos; y no es rígida, como los modelos de bases de datos relacionales que hemos visto antes. Magnífico. Pero necesitan formas de gestionar esos datos una vez almacenados. ¿Y con qué se encuentran? Pues con otro programador de Google que les facilita el trabajo. En diciembre de 2004, Jeffrey Dean y Sanjay Ghemawat publican su artículo[23] sobre MapReduce.

MapReduce resuelve tres cosas: cómo computar información en paralelo; cómo distribuir los datos procesados; y cómo gestionar fallos de *software*. Y lo hace elegantemente con dos funciones: *map y reduce*. Libera al programador de las tareas propias de la programación distribuida. Es decir: permite que un programa que ha sido escrito en un lenguaje de programación común se pueda ejecutar en un cluster de Hadoop sin variar radicalmente su código.

En 2006, Google publica más detalles de su nuevo descubrimiento[24]. Ese mismo año, Cutting se une a Yahoo junto con el proyecto Nutch. Finalmente, en enero de 2008, Yahoo lanzó Hadoop como proyecto de código abierto para la Fundación Apache.

La computación distribuida no era algo nuevo. En cierto sentido, la paquetización que se realiza para transmitir información por internet es una forma de distribuición en una red de ordenadores. Las redes P2P de las que hablábamos hace unas páginas son computación distribuida. Pero la historia de Hadoop tradujo por primera vez esos conceptos a la gestión de ingentes cantidades de datos desestructurados.

Hadoop se basa por tanto en un gran número de pequeños ordenadores, cada uno de los cuales se encarga de almacenar, procesar y analizar una porción de grandes volúmenes de datos. La grandiosidad del sistema es que, a pesar de que cada uno de ellos funciona de forma independiente y autónoma, todos actúan en conjunto, orquestadamente, como si fueran un solo ordenador de dimensiones increíbles.

Aplicaciones de big data

Dar sentido a los datos, extraerlos y prepararlos, es solo el primer paso. Big Data abre las puertas a una colección asombrosa de aplicaciones prácticas: modelos predictivos, agrupaciones, inteligencia artificial... Una vez que tenemos datos «limpios», el siguiente paso es «minarlos» —*data mining*—. El objetivo de la minería de datos es extraer patrones y conocimiento de conjuntos de datos a gran escala, que pueden reconfigurarse en una estructura más comprensible para su posterior análisis. La programación probabilística nos permite crear sistemas de aprendizaje que toman decisiones infiriendo a partir de estos datos y conocimientos previos, y aplicarlo en el análisis de imágenes médicas, predicciones financieras o pronósticos atmosféricos.

A fin de cuentas, la Estadística no es más que tratar datos para sacar conclusiones de ellos. Toda la IA parte de la Estadística: de la descriptiva, que visualiza las características básicas de los datos que se estudian; y de la inferencial, que se utiliza para sacar conclusiones más allá de lo visible.

Las aplicaciones y usos del Big Data son infinitos, pero se pueden categorizar en dos grandes enfoques: «hacia fuera» y «hacia dentro».

«Hacia fuera» significa aprovechar la marea de datos para comprender mejor a tu público y actuar en consecuencia. Segmentar a tus clientes, diseñar campañas de comunicación, crear productos. No necesitamos limitarnos a pensar en una compañía. Algunos de los casos de uso más famosos los encontramos en las campañas electorales. Durante el año 2016, el equipo de Donald Trump pagó una fortuna a la desaparecida consultora Cambridge Analytica para analizar datos de millones de posibles votantes. La misma consultora acabó sumida en un escándalo en el año 2018, cuando se descubrió un uso no consentido de datos de usuarios de Facebook. Cambridge Analytica admitió haber usado los datos para realizar campañas con el objetivo de cambiar el sentido del voto. Obama ya utilizó una estrategia de analítica similar —pero con uso consentido de los datos— en su victoria electoral de 2012, con una ligera diferencia. La campaña de Obama se enfocó en identificar votantes indecisos, es decir, segmentar a su población para atacar a aquellos que podían cambiar su voto en su favor. La campaña de Trump sirvió para decidir qué temas funcionarían mejor para atraer votantes, por ejemplo, el polémico asunto de la inmigración en la frontera mexicana. Con su particular estilo, Trump no dejó impasible a ninguno de los dos bandos. Esta radicalidad, a su vez, permitía un monitoreo más claro y sencillo de las reacciones de los ciudadanos a sus declaraciones. Una vez que completaron el análisis, el sistema enviaba mensajes personalizados a 100.000 potenciales votantes todos los días[25].

«Hacia dentro» implica mejorar la forma de trabajar internamente, a partir de análisis parecidos. Al ser territorio conocido, con mayor número de datos estructurados, es aquí donde la inteligencia de negocio se ha expandido más, mediante la elaboración de cuadros de mando y estadísticas de tiempos de espera, ventas y demás. Sin embargo, en organizaciones suficientemente complejas, por ejemplo aquellas que cuentan con miles de puntos de venta o de interconexión logística, o una sociedad de telecomunicaciones con miles de radiobases desplegadas, el desarrollo de analítica de estas grandes cantidades de datos resulta tremendamente interesante y complejo.

Para ambos enfoques, tenemos dos grandes familias de minería de datos: la clasificación y la predicción.

Un modelo de clasificación tomará un conjunto de datos e intentará agruparlos, etiquetándolos según trazos comunes, lo que se conoce como *clustering* en inglés. Los modelos predictivos intentarán adivinar comportamientos futuros. Por ejemplo, prever impagos para un grupo de clientes antes de que ocurran. La diferencia entre ambos no es siempre clara, pues nada nos impide clasificar a nuestros clientes propensos a no pagar como «clientes de riesgo». Si las variables que hayamos elegido para clasificar son adecuados predictores de comportamiento futuro («un cliente de riesgo acabará por no pagar»), nos podrá servir esa clasificación a modo de predictor.

Existe confusión respecto a los modelos predictivos y su capacidad de anticipar acontecimientos. Parece que estos modelos «saben lo que va a pasar» y muchas instituciones se entregan ciegamente a modelos matemáticos a la hora de tomar importantes decisiones. Opino que se debe a dos factores: un desconocimiento del trasfondo estadístico, que nos lleva a creer que estos modelos son más exactos de lo que en realidad lo son; y el uso, algo polémico, del término «predicción».

Un modelo predictivo, en cuanto a análisis estadístico, trata de inferir nuevas variables o características desconocidas de un fenómeno a partir de trazos o variables que sí están disponibles. En muchos casos no se «predice» hacia el futuro y en todos ellos hay cierto margen de error.

Tomemos el ejemplo de tres sistemas que intenten predecir la talla de una persona.

El primer sistema usa la «talla diana», método utilizado desde hace mucho por los pediatras para intentar estimar la talla de un niño pequeño, a partir de la de ambos padres. Es una fórmula sencilla, con bastante margen de error, que consiste en hallar la media y sumar o restar una cierta cantidad según se trate de un niño o una niña. Un modelo matemático pródigamente poblado podría llegar a mejorar esa fórmula y hacerla más precisa. Este es un sistema que predice hacia el futuro.

El segundo sistema es un apoyo a antropólogos e historiadores que intentan averiguar la talla de los homínidos a partir de restos de esqueletos descubiertos en excavaciones. Tenemos fémures, tibias, peronés, húmeros, cúbitos y radios, y somos capaces de saber el sexo de los individuos a los que pertenecen los restos. Con estos datos, estamos mirando hacia el pasado, queriendo averiguar datos que son desconocidos —la talla— a partir de otros conocidos —medidas óseas —. Esto también se lleva aplicando durante décadas, con modelos sencillos que usan solo el fémur[26] hasta modelos que disgregan y aplican diferentes fórmulas según los huesos utilizados[27].

Un tercer sistema podría intentar combinar los dos anteriores para encontrar patrones que relacionen, por ejemplo, la longitud femoral fetal con la estatura del neonato en edad adulta, relación que por el momento parece desconocida.

Buena parte de los modelos que existen actualmente son del segundo tipo. Esto no es una «predicción» en el sentido temporal, como sería el pronóstico del tiempo, sino más bien un tipo de inferencia estadística con un grado de probabilidad de ser cierta y un margen de error. Y no exenta de riesgos. Ocurre lo mismo con otro tipo de estudio estadístico bien conocido: las encuestas electorales. Ya que es imposible entrevistar a toda la población votante, se realiza un estudio sobre un universo menor. Estos datos se «cocinan» a la sazón de fenómenos conocidos, por ejemplo —dependiendo del país— que la población es menos propensa a admitir un voto conservador que uno progresista. O que, directamente, se miente sobre el voto. Sabemos que el pronóstico del tiempo o las encuestas electorales no son completamente fiables. ¿Por qué tendemos a pensar que los modelos analíticos sí lo son?

Lo normal es que, en algún lugar bien visible, se nos describa la metodología y se nos informe del margen de error al que se somete su cálculo estadístico. Es habitual que el intervalo de confianza ronde el 5%, con un nivel de confianza del 95%. Dicho planamente, significa que si las encuestas muestran que un candidato obtendrá el 46% de los votos, lo que en realidad nos dice es que obtendrá algo entre el 41% y el 51% y además, estamos seguros de que eso es cierto al 95%. Estos niveles se consiguen con tamaños de muestra reducidos y factibles de ejecutar para una agencia. Algo similar nos encontramos en ciertos titulares de periódico de la forma: «estudio de la prestigiosa institución X demuestra que Y». El estudio en cuestión debería tener en alguna parte una descripción del modelo estadístico utilizado. Uno de los datos más importantes es el p-valor, usualmente limitado a por debajo de 0,05 o incluso 0,001. A ese límite se le llama valor de significación, o alfa. En Estadística, el p-valor indica la probabilidad de que un experimento nos devuelva un resultado «por casualidad». Es decir, que si un estudio limita su p-valor por debajo de 0,05, significa que esos resultados tienen menos de un 5% de posibilidades de haber ocurrido por casualidad. Uno debería estar pensando que, con esas probabilidades, un estudio nos asegura fehacientemente lo que está afirmando. Sin embargo, con un 5%, podría inventarme que soy capaz de «hipnotizar» monedas para que siempre salga cara al lanzarlas al aire. Si consigo lanzar cinco monedas al aire seguidas con resultado «cara», como la probabilidad de eso es 0,03125, estaré cumpliendo con mi margen de error para poder afirmar que, en realidad, lo que estoy haciendo es «hipnotizar» la moneda. Esto es imposible. Y sin embargo, en tres de cada cien veces, se cumplirá. ¿Es tan poca la ocurrencia de tres de cada cien respecto a la barbaridad que estoy afirmando? Los datos son tremendamente sencillos de manipular. Los experimentos estadísticos no son infalibles y, en consecuencia, nuestros modelos matemáticos tampoco. Por eso, un p-valor de 0,05 es aceptado en investigaciones sociológicas mientras que en investigaciones médicas, en las que cometer un error puede acarrear graves consecuencias, se utiliza uno de 0,01[8].

Volvamos al caso de las elecciones estadounidenses. Un conocido estudio del año 2013, liderado por Michal Kosinski, ha influido enormemente el trabajo de consultoras como Cambridge Analytica al afirmar que es posible descubrir ciertos aspectos conductuales a partir del comportamiento de los individuos en Facebook, en particular sus «me gusta».

El estudio[28], realizado sobre 58.000 voluntarios, afirma que su modelo:

> *«...discrimina correctamente entre hombres homosexuales y*

---

[8] Esto es solo un brevísimo resumen de las debilidades de las pruebas de hipótesis estadística. Para un poco más de profundidad, recomiendo consultar el artículo breve *Los valores P y los intervalos de confianza: ¿en qué confiar?* de María Luisa Clark, disponible en <https://scielosp.org/pdf/rpsp/2004.v15n5/293-296/es>.

heterosexuales en el 88% de los casos, afroamericanos y caucásicos
estadounidenses en el 95% de los casos, y entre demócratas y republicanos
en el 85% de los casos»

El modelo analítico intenta relacionar el comportamiento en Facebook con una teoría psicológica de gran aceptación llamada el modelo de los cinco grandes, similar a otro modelo muy popular, el indicador Myers-Briggs, usado en muchas organizaciones y escuelas. El modelo de los cinco grandes divide nuestros rasgos psicológicos en cinco grandes bloques, mientras el modelo Myers-Briggs lo hace en cuatro. Ambos utilizan un cuestionario que el sujeto analizado debe responder. En el estudio de Kosinski se afirma que se pueden obtener resultados similares sin necesidad de cuestionario, a través de los «me gusta» que los sujetos dan a distintas páginas web.

Algunos aspectos del estudio se antojan agudos, como el hecho de que:

> *«pocos usuarios se caracterizaron con 'Me gusta' que revelaran explícitamente sus atributos. Por ejemplo, menos del 5% de los usuarios etiquetados como homosexuales estaban conectados con grupos explícitamente homosexuales, como la campaña No H8, 'Matrimonio gay', 'Me encanta ser gay' o 'No elegimos ser gay, fuimos elegidos'. En consecuencia, las predicciones se basan en 'Me gusta' menos informativos pero más populares, como 'Britney Spears' o 'Mujeres desesperadas' ambas moderadamente indicativas de ser homosexuales»*

Otros son desconcertantes:

> *«los mejores predictores de alta inteligencia incluyen 'tormentas eléctricas', y 'patatas fritas onduladas', mientras que 'Sephora', 'Me encanta ser una mamá' y 'Harley Davidson', indicaron poca inteligencia»*

Cuando realizamos este tipo de modelos, caemos permanentemente en el riesgo de estar ligando variables que no tienen una relación de causa-efecto real. La tasa de divorcio en Maine está perfectamente correlacionada con el consumo de margarina. El de queso mozarella, en cambio, se ajusta bien con la cantidad de doctorados en Ingeniería Civil en los Estados Unidos. El gasto público estadounidense en Ciencia y Tecnología está relacionado con los suicidios por ahorcamiento. Y la cantidad de gente ahogada al caerse de un barco, con el índice de matrimonios en Kentucky[29].

«Correlación no implica causalidad». El empirista David Hume trabajó mucho al respecto, argumentando que la relación de causa nunca puede ser percibida, solo la correlación. Para que exista causa, al menos debe de haber una relación temporal subordinada entre un suceso y su causa. Por ejemplo, el movimiento de los molinos no puede ser la causa de que haya viento, si el viento ha sucedido antes. Puede ocurrir el caso contrario, pero también puede ocurrir que se trate de molinos mecánicos y el viento no sea la razón de que se muevan. Es hasta una falacia lógica bien documentada: *cum hoc ergo propter hoc*. Para definir la causa, debemos ejecutar experimentos.

Todas las conclusiones que extraigamos de nuestros datos es preciso tratarlas con cuidado. Los datos son una invención humana. Nosotros definimos el fenómeno que queremos medir, diseñamos sistemas para recopilar datos sobre él, los limpiamos y procesamos antes del análisis y finalmente elegimos cómo interpretar los resultados. Incluso con el mismo conjunto de datos, dos personas pueden llegar a conclusiones diferentes. Ocurre demasiado a menudo. Esto se debe a que los datos por sí solos no son una verdad fundamental. Los datos son magnitudes observables, comprobables y objetivas que reflejan la realidad. Pero los juicios derivan de otras realidades, son subjetivos, a veces tienen intereses ocultos. Lo que las personas llaman datos pueden ser medidas cuidadosamente seleccionadas, o preparadas y expresadas exclusivamente para apoyar una agenda, o colecciones al azar de información aleatoria sin correspondencia con la realidad, o información que parece razonable pero es resultado de esfuerzos de recolección inconscientemente sesgados.

A veces olvidamos que los ciudadanos y clientes no son datos ni números, sino personas con nombres, apellidos y una vida. Suena romántico en estos tiempos. Un mal análisis de muchos datos puede dar lugar a errores en la interpretación. Pocos datos muy significativos sobre tus clientes pueden darte muchas más pistas que un análisis automatizado sobre miles de datos anonimizados. Sobre este axioma se levantan también muchas de las técnicas de *design thinking*, basadas en obtener poca información de mucha calidad de un número limitado de clientes potenciales, que puedes llegar a gestionar en una sesión.

Un robot se llevó mi empleo

3

«Soy tan inteligente que a veces no me entiendo a mí mismo»
—Oscar Wilde, 1854-1900

En 2006, Nintendo lanza la consola Wii, primera toma de contacto del gran público con robots dotados de visión artificial, capaces de interpretar acciones y comandos por gestos. En el mundo de la industria, sin embargo, los robots son viejos conocidos. La robótica industrial es probablemente la rama más extendida de la automatización. Incluye el uso de máquinas móviles para la realización de tareas de manufactura, reduciendo al mínimo la intervención humana. Los robots son solo un subconjunto en el elenco de tecnologías que incluye motores, actuadores hidráulicos o neumáticos, sensores, cámaras de visión artificial, controladores lógicos programables, sistemas SCADA y un largo etcétera.

Si hace unas páginas vimos cómo iPhone permitió a externos desarrollar aplicaciones sobre su sistema operativo, lo mismo ocurrirá pronto con los robots. Para ellos, ya existe una plataforma llamada ROS (ros.org), gratuita y de código abierto, que habilita el desarrollo colaborativo de la robótica a nivel mundial. Los robots mecánicos pronto poblarán las casas tomando las funciones de asistentes personales. Esto tendrá unas consecuencias económicas impredecibles que veremos más en profundidad en el próximo capítulo. La deslocalización de toda condición de trabajos —desde la industria textil o montaje automotriz a los programadores de *software*— se encontrará con un nuevo adversario: máquinas con costes mucho menores, controladas y supervisadas localmente.

La idea detrás de la automatización parece bastante simple: los humanos somos limitadamente fuertes y resistentes. El cansancio nos empuja a cometer errores elementales. En una sesión de entrenamiento, un jugador profesional encesta consecutivamente decenas de tiros triples sin fallar. Pero en un partido, con la presión de los defensores y el público, sumado a la fatiga física, la cosa cambia. Stephen Curry, el mejor triplista de los últimos años, no ha conseguido alcanzar el 50% de acierto en tiros de tres en ninguna temporada. Los robots garantizan una mayor repetibilidad del proceso junto con menos fallas y pausas.

Estamos acostumbrados a ver esta idea aplicada a tareas peligrosas o latosas: aplicación de químicos y pinturas, ensamblado o carga de piezas pesadas, soldaduras, etc. Pero la automatización tomará una deriva cada vez menos física y más intelectual. Para entender esto, debemos empezar hablando de dos tecnologías *software* que adoptarán un papel fundamental. Por ser *software*, no se limitan a la manufactura, sino que atañen a casi todas las organizaciones, sin importar a qué se dediquen.

La primera es la automatización robótica *de procesos*, o RPA. No tiene que ver con robots mecánicos, sino con imitar las tareas que un humano realiza en su ordenador, por lo general interactuando con la interfaz gráfica de una aplicación web o de escritorio. Es decir, estamos ante una tecnología que «aprende» las tareas que cualquier trabajador realiza en su máquina de la oficina, y posteriormente las ejecuta por su cuenta. No obstante este «aprende», con RPA no hablamos todavía de nada parecido a un sistema de inteligencia artificial. Funciona por reglas simples que se programan previamente. RPA es cognitivamente estúpida como tecnología. Se concibió para automatizar tareas rutinarias que no requieran decisiones inteligentes. De esta manera, los humanos pueden concentrar sus creativos cerebros al servicio de la organización, en lugar de ocuparse en quehaceres mecánicos. No más cortar y pegar valores en Excel o escribir los mismos datos en los mismos campos de la interfaz una y otra vez. Entre las tareas aburridas más comúnmente automatizadas nos encontramos el cruce y consolidación de información, la entrada de datos, generación de informes, o monitorear actualizaciones en datos de páginas web.

RPA establece la base necesaria para una cultura del dato y para las aplicaciones cognitivas que veremos en un instante. Todo lo que hace el robot queda registrado. Si una organización se está planteando añadir inteligencia artificial a su operación —particularmente en tiempo real, como un *chatbot*— debe previamente tener automatizadas la mayor parte de tareas involucradas en el proceso.

Es posible configurar RPA mediante programación, método utilizado por sujetos técnicos, donde todos los comandos y tareas se ingresan al robot codificándolos. Pero una gran ventaja de esta tecnología es que permite formas más sencillas y que democratizan su uso a personas sin grandes conocimientos técnicos, mediante la habilitación de interfaces gráficas de usuario y configuración con menús de opciones. Con estas interfaces se describe fácilmente la tarea utilizando lenguaje UML, como en el ejemplo de la imagen, muy similar a lo que usan los *software* de BPM. Otra forma es «espiar» lo que está sucediendo en la pantalla, método conocido como *screen scraping*: se presiona el botón de grabar y se ejecuta lo que queremos que el robot replique.

Figura 9: creando un robot a partir de una interfaz gráfica.

Abrirse camino hacia la explotación de tus propios datos es lo más interesante de esta tecnología. Del mismo modo que los robots industriales, RPA genera una cantidad ingente de información y estadísticas sobre la operación. Si bien RPA es una alternativa viable a la intervención manual, no debe verse simplemente como una forma de ahorrarse personal. La pregunta que surge con demasiada frecuencia es: ¿cuántos trabajadores a tiempo completo me ahorrará este robot? Es la pregunta incorrecta. Traducir el argumento de adopción de RPA en despidos puede conducir a una peligrosa espiral de deflación productiva. El verdadero potencial de RPA debe concentrarse en los beneficios que puede aportar a una operación: velocidad de ejecución, calidad e integridad de los datos, satisfacción de los empleados, horarios de trabajo flexibles. Ayudar a los trabajadores a esforzarse en tareas más intelectuales e interesantes. Vincular sistemas legados entre ellos o con sistemas externos y de terceros que no se pueden conectar de otra manera.

Entender que la automatización no entraña una amenaza directa contra la fuerza laboral humana, sino un complemento, significa también evitar la desilusión tecnológica. El *software* no es la panacea. Es imprescindible comprender el papel táctico que puede desempeñar en un cambio estratégico y cultural dentro de la corporación. Recordemos que RPA es la capa más «tonta» en el kit de herramientas de automatización. Son los ladrillos. Lo cual no es negativo, simplemente es algo a tener en cuenta: estás sacando al robot que vive dentro del humano.

Si RPA es el ladrillo, las plataformas de desarrollo de bajo código son el cemento. Usaremos un símil para entender cómo funcionan.

Una página web no es algo diferente a una aplicación de *software* más compleja: existe un código fuente que un compilador, en este caso el explorador de internet, interpreta y ejecuta para mostrarnos en pantalla. Antiguamente las páginas webs solo mostraban información, sin admitir ninguna interacción con el usuario excepto la navegación mediante hipervínculos. Las páginas eran puramente informativas. Había texto, alguna imagen. Con el tiempo, las páginas web se convirtieron en entes palpitantes e interactivos, dando paso a la llamada «Internet 2.0». Tuvimos entonces páginas que permitían un mayor rango de acciones, por ejemplo, comentar una noticia o insertar mensajes de manera autónoma, sin que nadie recogiese ese texto y lo insertase manualmente en su página. Hemos evolucionado hasta llegar a aplicaciones de *software* completas, de las que la página web no es más que la capa externa visible de algo muy complejo. A diferencia de las interfaces de *software* cerrado que ejecutamos en nuestras máquinas locales, el código de esta capa externa web se puede consultar. Basta hacer clic con el botón derecho de nuestro ratón sobre una página cualquiera y seleccionar la opción «ver código fuente» para consultar su código HTML, que es el lenguaje que los navegadores comprenden y ejecutan para mostrar una determinada página web. Algunos exploradores permiten ir más allá y con la opción «inspeccionar» se puede visualizar el código CSS, los eventos que está escuchando el código *javascript* y mucho más. Todavía hoy es posible consultar el código de cualquier página web y aprender a programar *webs* de esta forma, pero las tecnologías de desarrollo se han vuelto tan complejas, que es preferible hacer algún curso en línea.

Cuando escribí mi primera web, hace más de dos décadas, no existía ninguna de estas tecnologías. No existía el lenguaje CSS, que permite separar en una web su estructura, el andamiaje; y su aspecto estético, los colores, las tipografías, etc. Al principio de los tiempos, aspecto e información iban juntos en un mismo código HTML. Por entonces, existían algunos editores. Eran escasos. Lo que hice fue empezar a consultar webs y ver su código fuente, una a una, probando en mi explorador para entender para qué servía cada etiqueta del lenguaje. Por ejemplo, escribir <p> daba entrada a un párrafo de texto, y debía ser cerrada con su correspondiente etiqueta </p>. La etiqueta <img> permitía insertar una imagen, y además necesitaba ir seguido de una variable llamada *src* que indicaba dónde estaba alojada esa imagen. Así que <img src="/hola.jpg"> colocaba una imagen denominada «hola.jpg», que se encontraba en el mismo directorio raíz que el archivo que se estaba ejecutando. Descubrí que cuando llamabas a una página index.html, el explorador entendía por defecto que era la página de inicio. Etcétera.

Con los años aparecieron editores como Dreamweaver y Frontpage que facilitaban enormemente el trabajo de programación. Actualmente, existen webs como Shopify, Wix o Webflow que nos permiten crear una página web del mismo modo que creamos una diapositiva de Powerpoint: simplemente copiando y pegando sobre un lienzo en blanco en una interfaz gráfica muy intuitiva y sencilla. Hoy no hace falta saber absolutamente nada de HTML, de CSS o de Javascript ni de cualquier otro lenguaje para tener nuestra propia web en línea en pocas horas. Esto no resta valor a los desarrolladores web, cuyo dominio de los lenguajes les permite crear diseños profesionales a la carta que resultan imposibles usando un editor. Pero a diferencia de lo que ocurría en los años 90, la democratización ha llegado a la web, y cualquiera con un conocimiento ofimático mínimo puede crearse su página web sin necesidad de nadie más.

Decíamos que las páginas web son la coraza visible de algo mucho más complejo y profundo. Pues bien: este mismo fenómeno de democratización se está replicando para todos los componentes. Es decir, el mismo fenómeno al que asistimos con las páginas web, que ya podemos programar sin necesidad de saber codificar ningún lenguaje, lo están empezando a experimentar los demás componentes de un *software* complejo.

¿Cuáles son esos otros componentes? Veamos un patrón arquitectónico común, llamado Modelo-Vista-Controlador (MVC). En MVC se separan y escriben de forma independiente los datos y la lógica de negocio, lo que se denomina el «modelo», de su representación visual, la «vista», y a su vez del módulo encargado de gestionar los eventos y las comunicaciones, el «controlador». Hay que pensar que un *software* cualquiera que usemos a diario consta de millones de líneas de código, por lo que mantenerlas ordenadas según su función y separadas en «cajitas» tiene sus ventajas. Este patrón permite la reutilización de código y facilita su posterior mantenimiento. Hoy en día, cuando compramos un billete de avión en la página web de una compañía aérea, estamos viendo la «vista» de un *software*. Al realizar clics e introducir datos, estamos también provocando eventos y llamadas al «controlador», quien las comprende y analiza. Por ejemplo, interacciones con los formularios de fechas de ida y vuelta, o queriendo comprar con tarjeta de crédito. Estas tareas deben ser ejecutadas según unas reglas, que se codifican en el «modelo».

Del mismo modo que se idearon aplicaciones de *software* para facilitarnos la tarea de creación de una página web, que puede ser tanto un texto informativo simple como la «vista» de una aplicación más compleja por debajo, hoy en día se está desarrollando *software* que permite extender esa capacidad hacia las otras dos capas, el «controlador» y el «modelo». Podemos crear aplicaciones móviles o de escritorio completas sin saber programar, o con una intervención mínima de programación. Nada sorprendentemente, se ha dado en bautizar a esta familia de *software* como «plataformas de desarrollo de bajo código»: la cantidad de código requerido por nuestra parte es baja o nula.

RPA nos permite tener una estructura fuerte y segura sobre la que construir. También es la que nos permite hacer un edificio cada vez más alto y esbelto. Sin unos buenos cimientos, la casa se vería demasiado expuesta al viento o sucumbiría ante un terremoto. No solo sirve para mantenerla en pie, sirve además para hacerla más robusta.

El desarrollo de bajo código es el aglutinante que nos permite elegantemente ir de una habitación a otra. De hecho, el *software* RPA puede considerarse también como una frontera específica de la tendencia de bajo código: *software* que requiere poco o nada en cuanto a la codificación original.

La Inteligencia Artificial es la culminación.

Humano, demasiado humano

En ese momento Kasparov se levanta acalorado, bufando, haciendo aspavientos con las manos, el bolígrafo todavía en su mano izquierda, negando con la cabeza. Sus ojos buscan brevemente a su madre, que se encuentra en la sala presenciando la partida. Acababa de perder en la sexta partida contra Deep Blue. Estamos en Nueva York, mayo de 1997.

Aunque este suceso fue portada en todos los periódicos, en realidad Kasparov ya había perdido contra otras máquinas previamente. Contra Deep Blue, en particular, un año antes. En la primera partida de 1997, Kasparov había ganado sin mayores complicaciones. En la segunda renunció en una posición de potencial empate, como se comprobó en análisis posteriores. Fue esta partida la que desestabilizó por completo al campeón del mundo.

¿Por qué impactó tanto una simple partida al mejor jugador de ajedrez del momento? Porque la fuerza de las máquinas estaba en el ajedrez táctico. Esto era conocido por Kasparov. Las máquinas no jugaban estratégicamente. En otras palabras, solían elegir ganancias de material sobre ventajas de posición, algo típico de los jugadores novatos. Estos tienden a «comer» piezas descuidando a otros aspectos fundamentales del juego, como la estructura: peones doblados, piezas débiles en las primeras filas, etc.

Entonces llegó Deep Blue.

En aquel segundo juego, Kasparov había dispuesto una trampa para que Deep Blue ganara un peón —ventaja material— pero perdiera en el global de su posición. Recordemos que ninguna máquina jugaba con lo que los Grandes Maestros llaman «previsión estratégica». Deep Blue acababa de vislumbrar eso. En lugar de capturar el peón expuesto, Deep Blue eligió la ventaja posicional.

En la rueda de prensa posterior, Kasparov acusó a la máquina de ser «demasiado humana», dando a entender que algún Gran Maestro podría estar detrás de aquel movimiento, o de todos.

El movimiento en concreto fue 36.axb5![1] Uno de los ingenieros de IBM, Murray Campbell, reveló unos años después que aquella acción fue en realidad fruto de un error de código[2]. Gran cantidad de recursos en internet relatan este momento. Se tratase de un error o no, el avance de las máquinas hacia niveles cada vez mayores de cognición es innegable. En 2017, una máquina de Google consiguió derrotar al campeón de *Go*, un juego de tablero originado en China hace más de 2.500 años, similar al ajedrez, pero considerado mucho más estratégico y complejo de domeñar mediante solamente el cálculo. Más posicional y menos táctico. Deep Blue terminó ganando en el total, y en la sexta y última partida hizo rendir a Kasparov en tan solo 19 movimientos.

Catorce años después de Deep Blue, IBM volvió a asombrar al mundo ganando al mayor campeón de *Jeopardy!*, un programa de televisión en el que los concursantes deben responder preguntas basadas en pistas, incluyendo dobles sentidos. Por supuesto, lo primero que necesitaba la máquina era comprender lenguaje natural. El chip de IBM venció en febrero de 2011 al ganador del mayor número de programas de *Jeopardy!*, Ken Jennings, y a quien había conseguido el premio más grande, Brad Rutter. Ambos, en el mismo evento. Aquel proyecto vencedor se llamaba *Watson*. Desde entonces, es comercializado y accesible a cualquiera que pueda pagarlo. El líder del proyecto, David Ferucci, tuvo un problema dental que le acarreó serios dolores. Visitó a varios dentistas. Fue sometido a una endodoncia innecesaria. Finalmente lo derivaron a otras áreas especialistas, donde resolvieron su problema. Fue así que se le ocurrió diseñar para *Watson* el primer caso de uso que le ha otorgado fama mundial: el diagnóstico médico. Hoy en día las aplicaciones de *Watson* son múltiples y utilizadas por organizaciones de todas las industrias: desde asistentes virtuales, con *Watson Bots* y *Watson Assistant*, a aplicaciones cognitivas con ingesta de datos coordinada por la propia empresa, mediante *Watson Discovery*. Con algo de conocimiento sobre su suite, es posible diseñar *chatbots* que nos propongan algo que cenar y nos expliquen paso a paso la receta, o un asistente que nos recomiende alguna película interesante, emulando los recomendadores de YouTube o Netflix. IBM no es, por supuesto, la única dedicada al desarrollo de sistemas cognitivos que pueden aprovecharse por sociedades de toda índole. La AI está ya tomando decisiones críticas en todas las industrias e infiriendo patrones de comportamiento de millones de clientes.

Frente a este panorama es interesante hacerse la pregunta: ¿es inteligente la inteligencia artificial? En 1983, Howard Gardner, investigador de Harvard, expuso por primera vez su teoría de las inteligencias múltiples. Gardner nos explica que, del mismo modo que existen distintos tipos de problemas a tratar, existen distintas inteligencias humanas para resolverlos. En particular, Gardner comenzó enunciando ocho clases diferentes que, con los años, ha ampliado hasta doce: lingüístico-verbal, lógico-matemática, visual-espacial, musical, corporal-kinestésica, intrapersonal (autoconsciencia), interpersonal (capacidad de relacionarse), naturalista, emocional, existencial, creativa y colaborativa. De este modo, un deportista de alto nivel, digamos un futbolista, puede tener al mismo tiempo una muy alta inteligencia corporal-kinestésica y una baja inteligencia lingüístico-verbal. Es decir, una gran consciencia de su lugar en el campo respecto a sus compañeros, una capacidad innata para entender lo próximo que va a suceder según la posición de la pelota y el movimiento relativo de cada uno de los jugadores, lo que la prensa deportiva suele llamar «leer el partido». También facilidad para amoldar su cuerpo, calcular la fuerza y ángulo necesarios para desplazar el balón a un punto concreto. Y, al mismo tiempo, experimentar una nula capacidad para expresarse fuera del terreno de juego.

Un corolario de la teoría de Gardner es que mediciones como el cociente intelectual no sirven, pues la inteligencia no es una cantidad única que se pueda medir con un número, al menos uno solo. Las pruebas tradicionales de inteligencia que se hacen a los alumnos de temprana edad suelen estar enfocadas en las dos primeras inteligencias, dejando de lado todas las demás, convirtiéndose en foco de frustraciones.

Vale la pena desmitificar la inteligencia artificial. No hay inteligencia efectiva en la inteligencia artificial, al menos en el sentido en que le damos los seres humanos. Existe una capacidad hercúlea de cálculo, usada para ciertas actividades específicas que lo requieran. Otras inteligencias, como la intrapersonal o la emocional, son todavía inexistentes en las máquinas, y quizá nunca las obtengan.

En el mundo académico, se suele usar el término Inteligencia Artificial Fuerte, IAF, o General (*AGI*, en su acrónimo inglés) para referirse a sistemas capaces de imitar inteligencias humanas. En particular, se usa este vocablo para describir la capacidad de las máquinas de generar conceptos abstractos desde una experiencia limitada y, del mismo modo que hacen los humanos, forjar relaciones entre los distintos tipos de inteligencia para ser capaces de extraer conclusiones a partir de datos espaciales, relacionales o filosóficos. Por este motivo, este tipo de inteligencia artificial es llamada «fuerte», en contraposición a la «débil» o «estrecha». Salvo en películas de ciencia ficción, no existen sistemas de inteligencia artificial fuerte. Los sistemas de inteligencia artificial débil, empero, derrotan a los seres humanos en tareas específicas, frecuentemente consideradas de alta exigencia intelectual, como una partida de ajedrez. Los modelos analíticos tienen una fuerte base estadística. Por lo general, no pueden extrapolar ese conocimiento a otras tareas. Esto es importante entenderlo, no solo por las aplicaciones que puede tener hoy en día la IA, sino porque la manera de aprender de estas máquinas se distingue de la de los seres humanos, incluso de los animales amaestrados.

¿Qué ocurre cuando quieres enseñarle a una computadora a hacer algo, pero no estás completamente seguro ni siquiera tú de cómo hacerlo? ¿Qué sucede si el problema es tan complejo que resulta imposible codificar todas las reglas y conocimiento por adelantado? El *machine learning*, o aprendizaje automático, permite que las máquinas aprendan sin programarse explícitamente al respecto.

Diferenciemos antes dos tipos de aprendizaje: el «supervisado» ocurre cuando la computadora recibe datos de entrenamiento etiquetados, que consisten en entradas y salidas emparejadas. Por ejemplo, queremos un sistema que busque videos de gatitos en Facebook automáticamente y nos los sirva cada mañana mientras desayunamos. Necesitamos primero hacerle entender lo que es un gato, para lo cual le podremos pasar algunas imágenes correctamente etiquetadas como «gato». Luego, más fotos de cuadrúpedos peludos similares, como panteras, perros, tigres, leones y ratas, adecuadamente etiquetadas como «no gatos». De aquí suele partir otra variante, llamada «aprendizaje por refuerzo», en donde le vamos diciendo a la máquina si va por el camino correcto detectando gatos. No obstante, las máquinas todavía están lejos de los humanos en este aspecto. Para un niño pequeño, hacerse un constructo mental de lo que es un payaso no resultará demasiado difícil una vez que haya visto alguno en una fiesta. Si cambia de ropa, peluca o maquillaje, seguirá entendiendo que eso es un payaso. A una máquina, en cambio, le resultará desconcertante ver fotografías de payasos en distintas posiciones, primero en dos dimensiones, luego uno en un sistema de visión 3D. No comprenderá cómo un payaso puede tener colmillos afilados como los de un felino, sin entender que se trata de un personaje de ficción creado por Stephen King. Le parecerá inconcebible que en un texto se use el término «payaso» como insulto. Etcétera. Esta sutileza es la que diferencia la inteligencia humana o un sistema AGI de los sistemas actuales.

El aprendizaje «no supervisado» ocurre cuando las computadoras reciben datos no estructurados en lugar de etiquetados e intenta descubrir estructuras y patrones inherentes que se encuentran dentro de los datos y que nosotros mismos desconocemos. La máquina nos enseña a nosotros. Hay varios casos comunes, como el de la asociación o clusterización, en donde de un grupo heterogéneo de datos la máquina encuentra variables en común.

Otro término popular, *deep learning*, o sistemas conexionistas, se refiere al uso de *software* que emula a redes neuronales en capas, estructuras matemáticas inspiradas en el funcionamiento del cerebro humano, para tratar de resolver problemas. Es por tanto un subtipo del aprendizaje automático, que hace uso de ciertas herramientas. En la práctica, se puede aplicar la IA con técnicas más simples y se pueden conseguir resultados más rápidos y mejores. También, en lugar de preocuparse por elegir o crear soluciones personalizadas de aprendizaje profundo, muchas empresas optan por las soluciones comerciales de algunas *startups* o las más populares de Google, Amazon, IBM o Microsoft.

Stanford desarrolló un sistema de reconocimiento de complicaciones torácicas a partir de radiografías por rayos X, utilizando un sistema conexionista con aprendizaje supervisado. Tomaron un gran conjunto de radiografías y las etiquetaron con el cuadro clínico correspondiente: neumonías, tuberculosis, tumores. Unas cien mil imágenes. Con esa información se entrenó su sistema de aprendizaje supervisado. Lo compararon con grupos de control humanos. En un experimento con 200 mil radiografías de tórax, el sistema superó a radiólogos de Stanford diagnosticando neumonías[3]. Se estima que desde el año 2016, los algoritmos leen e interpretan mejor las radiografías que los humanos.

Gracias a la combinación con otras tecnologías, como *big data* y sistemas de internet de las cosas, el número de tareas que podemos realizar con inteligencia artificial se amplía, dándonos cada vez más posibilidades. En una clínica médica, por ejemplo, podríamos tener:

- sistemas que detectan, como un medidor cardiaco conectado a nuestro teléfono o nuestro *smartwatch*.
- sistemas que actúan automáticamente en consecuencia, sin tomar ninguna decisión más que seguir reglas concretas. Por ejemplo, un sistema que envíe una alarma cada vez que las

pulsaciones por minuto superen las 120.

- sistemas que predicen. Un sistema que entiende que salimos a correr todas las mañanas a las ocho, por tanto una subida de tensión durante la hora subsiguiente es perfectamente normal, y no da la alarma. En cambio, una subida de tensión a las cinco de la tarde no la considerará normal.
- sistemas que aprenden y nos enseñan. Por ejemplo, un sistema que aprenda que los sábados tendemos a forzar más de la cuenta nuestras pulsaciones y sugiera que deberíamos aprovecharlo como día de descanso, en lugar del lunes.

Los sistemas de aprendizaje automático ya son capaces de crear canciones al estilo de los Beatles[4], pintar cuadros y realizar exposiciones —existen varias comunidades de artistas humanos que hacen arte a través de la IA, como aiartists.org—, o escribir artículos de prensa. Son incluso capaces de inventarse humanos que no existen, ver figura 10.

Figura 10: ninguna de estas personas existe. Han sido creadas por un ordenador.

En varios centros de llamadas se han empezado a implementar sistemas de lenguaje natural. Máquinas que hablan con nosotros en español, inglés, ruso, japonés... pueden incluso entender si estamos enfadados y, en tal caso, ceder el paso a un operador humano[5].

Los sistemas cognitivos están todavía poco avanzados y es cierto que necesitan ver decenas de miles de payasos antes de comprender lo que son. Pero tienen ciertas ventajas sobre nosotros. Por ejemplo, no olvidan. Se sabe que la frase «el saber no ocupa lugar» es falsa. Sí ocupa. Tenemos una capacidad de absorber información, temporal y total. Las cosas que no practicamos las olvidamos, los idiomas que no usamos, también. La teoría hebbiana nos dice que el valor de una conexión sináptica se incrementa si las neuronas de ambos lados se activan repetidas veces. Basado en esto, existen varios métodos de aprendizaje. *Quizlet* o *Memrise*, por ejemplo, nos ayudan a aprender vocabulario recordándonos las palabras cada cierto tiempo, con el objetivo de que se mantengan más tiempo en nuestra memoria. Las máquinas no necesitan esto. Como vimos en los primeros capítulos, la información digitalizada no es proclive a perderse por la degradación del medio en que se graba, a menos que lo destruyamos. A una computadora siempre le podremos ampliar su capacidad de disco o de memoria RAM. Nosotros no podemos. (Por ahora).

De la misma forma, algunas ventajas que todavía tenemos sobre las máquinas serán pronto superadas. Los *captchas* que aparecen en algunas webs para demostrar que somos humanos desaparecerán, pues se basan en una plasticidad cerebral que solo los humanos tenemos para reconocer letras torcidas, con distintas tipografías, en negrita, en cursiva, incluso mezclado con números. Pero que pronto podrá ser replicada. ¿Puedes leer este texto?

V0LV3R4N L45 05CUR45 G0L0NDR1N45
3N 7U B4LC0N SUS N1D05 4 C0L64R

Imagino que también puedes leer este otro:

Sgúen etsduios raleziaods por la Uivenrsdiad ignlsea de Cmdibrage, no ipmotra el odren en el que las ltears etsén ersciats.

Este texto se inspira en la tesis doctoral de Graham Rawlinson en 1976 para la Universidad de Nottingham. La plasticidad cerebral, sin embargo, tiene sus límites. Al cerebro, por ejemplo, se le dificulta leer vocablos más largos y se fatiga leyendo oraciones por encima de las veinte palabras. Esto se estudia en la mayor parte de manuales de estilo literario y es un fenómeno conocido. Al intentar desordenar las letras en oraciones más complejas, el resultado también lo es mucho más:

> Cdunao la myaor patre de la gtnee ceíra en un uvsienro eaemntsecnile ectátiso e inmoivl, la pgnteura de si etse tinea, o no, un piiipcnro era rmltaneee una ciuetósn de ccaeartr msetacfíio o tcíoogleo.

El texto original es:

> Cuando la mayor parte de la gente creía en un universo esencialmente estático e inmóvil, la pregunta de si éste tenía, o no, un principio era realmente una cuestión de carácter metafísico o teológico.

Las máquinas no tienen cerebro. La plasticidad cerebral es imitable y entrenable por programación. Es de imaginar que llegará un momento en que los algoritmos puedan descifrar *captchas* de una manera igual o mejor que los seres humanos, incluso ser capaces de descifrar la escritura de los médicos. Llegará un momento en el que no podamos identificar qué es real y qué no. Los algoritmos ya están escribiendo una gran cantidad del contenido publicado en internet[6]. Gracias al desarrollo de la tecnología NLP, procesamiento de lenguaje natural, las máquinas nos atenderán en representación de organizaciones que hoy tienen centros de llamadas. Los pequeños *chatbots* que podemos ver en algunas páginas web y que nos responden cosas sencillas de forma automatizada irán ampliándose y, gracias a NLP, podremos hablar con ellos en nuestro idioma.

Esto es solo el comienzo.

Metamorfosis digital

4

«Me interesa el futuro porque es el sitio donde voy a pasar el resto de mi vida»
—Charles Kettering, 1876-1958

En el año 2005 se hizo famoso el *framework* Rails, cuyos autores publicitaban en un video ser capaces de programar el motor lógico de un blog en menos de 15 minutos[1]. Para lograr tal proeza, utilizaban un pequeño «truco»: un andamiaje de código que se creaba a sí mismo a partir de ciertas órdenes previamente programadas. En eso consiste precisamente un *framework* de *software*, un conjunto de comandos que ahorran trabajo a la hora de programar las funciones más habituales: crear, editar y borrar usuarios, implementar el *login* y *logout*, asignar permisos, etc. En lugar de escribir todo desde cero, se teclean instrucciones que describen el comportamiento que se desea. Un *script* preexistente genera el código nuevo. El código se escribe a sí mismo.

Los creadores de Ruby on Rails vieron que muchas tareas se repetían entre tipos de *software* distintos, así que decidieron ahorrarse trabajo, preprogramándolas. De manera análoga, gran porcentaje de la innovación en *software* consiste en colocar piezas comunes de formas que antes no se habían utilizado para cumplir necesidades insatisfechas. Por ejemplo, hace unos años no existían aplicaciones para solicitar transporte a través del teléfono. Pero estas aplicaciones contienen, todas ellas, un sistema de *login*, que en muchos casos se realiza a través de redes sociales —lo que se conoce como *social login*—, una pasarela de pagos para registrar y pagar con nuestra tarjeta de crédito, débito o sistemas externos como PayPal, un gestor de la posición mediante GPS, un algoritmo de decisión de la mejor ruta, un sistema de mapas —habitualmente el de Google—, etc. Pensemos en Uber. El paquete montado no existía, pero muchas de sus piezas, sí. Los fragmentos están ahí, prefabricados. Esto ha permitido la aparición de *frameworks*, como Rails, o familias de *software*, como RPA y plataformas de bajo código, que reutilizan componentes de una aplicación a otra y que «programan sin programar». A la máquina se le «comunica» lo que queremos hacer y ella escribe el programa correspondiente. Esto facilita que ya no solo aquellos con conocimientos avanzados en programación puedan acceder a la potencia del «universo del código ya escrito».

Consecuentemente, la velocidad de desarrollo global se ha acelerado vertiginosamente. Este hecho afecta a la frecuencia con que aparecen y aparecerán nuevas aplicaciones. Y con ellas, nuestro comportamiento cotidiano. En el año 2014, la consultora Boston Consulting Group actualizó su famosa matriz de crecimiento, originalmente publicada en 1970 y estudiada en todas las escuelas de negocio del mundo. La matriz describe una rejilla 2x2 en donde caracterizan los distintos tipos de negocios o actividades económicas de una firma. En el eje vertical se sitúa el crecimiento anual del negocio, mientras que en el horizontal se coloca la cuota de mercado de la empresa. Así, cada unidad de negocio o producto aterrizará sobre uno de los cuatro cuadrantes en función de su valor estratégico: estrellas, con gran crecimiento y cuota de mercado; interrogantes, con gran crecimiento pero todavía poca participación; vacas, con bajo crecimiento pero alta participación, es decir, productos rentables pero en declive, que es necesario «ordeñar»; y perros, sin crecimiento ni participación, que debían ser eliminados —pobres perros—.

En el año 2014 BCG declaró que la matriz seguía estando vigente... pero necesitaba algunas aclaraciones:

> *«Primero, las compañías enfrentan circunstancias que cambian más rápida e impredeciblemente que nunca debido a los avances tecnológicos y otros factores. Como resultado, las empresas necesitan renovar constantemente su ventaja, aumentando la velocidad a la que transfieren recursos entre productos y unidades de negocios. En segundo lugar, la cuota de mercado ya no es un predictor directo de rendimiento sostenido. Además de compartir, ahora vemos nuevos impulsores de ventaja competitiva, como la capacidad de adaptarse a las circunstancias*

cambiantes o darles forma».

Según BCG, la matriz no ha perdido su valor. Sin embargo, el flujo de negocios debe aplicarse con mayor velocidad y enfoque en la experimentación estratégica. También requiere un renovado eje horizontal, ya que la cuota de mercado actual no es suficiente predictor de rendimiento futuro. ¿Por qué? Porque nos la pueden arrebatar de la noche a la mañana. Las barreras de entrada en el mundo digital han descendido notablemente. Necesitamos mayor capacidad de experimentación, prueba y error.

Compañías que mantienen una importante cuota de mercado que suponen intocable, sea porque existen barreras regulatorias o costos de entrada elevados, son candidatas a llevarse una sorpresa. Y deben asegurar que tendrán la agilidad suficiente para responder, llegado el caso. Operativamente, las que aún deben transformarse son fáciles de identificar. Todas comparten sistemas informáticos anticuados, que no se comunican entre ellos y que no capturan todos los datos clave que maneja la empresa, o no los disponibiliza de la forma adecuada a sus usuarios; una visión de corto plazo, que enfoca cada acción en cumplir el objetivo de este año y penaliza la inversión en innovación futura; una incapacidad para atraer nuevo talento joven y, normalmente, prevalencia de empleados antiguos; procesos no documentados, obsoletos y manuales; trabajo en silos; y una fuerte política organizacional, en especial a la hora de asignar y priorizar recursos.

Las compañías anticuadas no están preparadas para la época actual porque funcionan bajo un modelo de minimización del error, herencia de Taylor, de Ford y de la manufactura fabril del siglo pasado. Pero la velocidad a la que se innova, junto al aumento de la importancia del *software* y su facilidad de acceso ponen en peligro a muchas empresas, aunque no tengan nada que ver con el *software*. Y no solo empresas. Puede afectar a la economía en general.

Se han roto barreras y democratizado tecnologías que permiten hacer cosas que eran imposibles hace pocos años. Para formar un negocio, hace falta tener un producto, un canal y una difusión. Hace siglos, cada uno de estos tres aspectos conformaba una barrera de entrada infranqueable para quien no contase con un capital ingente.

Tener un contenido o un producto estaba reservado a los ricos. En muchos casos, todavía lo está, pero hoy podemos subcontratar un elenco interminable de servicios, incluido manufactura, a través de internet. Los productos digitales, los intangibles, sustituyen cada vez más a productos físicos. La pesadilla de la industria musical vino provocada por alguien que no tenía una costosa fábrica y que podía distribuir casi gratuitamente, a distancia, solo por el coste de la conexión, y sin necesidad de comprar cintas vírgenes. Las redes sociales o aplicaciones como Shopify nos permiten tener nuestro propio canal de venta en línea. Y las redes sociales, las tecnologías de marketing digital o YouTube, difundirlo. Hoy ya es más problable conocer algo nuevo por las redes que por un anuncio de televisión. Los *eCommerce* y especialistas en *marketing online* llegan hasta nuestras redes sociales con anuncios personalizados, rompiendo con la industria tradicional de la publicidad que conocíamos.

El mundo empresarial ha cambiado y con él todo lo demás. Ocurrirá antes de que nos demos cuenta. La Ley de Moore nos recuerda que el tamaño de los procesadores se reduce a la mitad cada dos años. Airbnb tenía menos de un millón de reservas en junio de 2010. Pasó a dos millones en junio de 2011. Luego a 5 millones el 26 de enero de 2012. Y a 10 millones de reservas el 19 de junio de 2012. Si se traza una línea con estos datos, se observará una gráfica de crecimiento exponencial. El caso opuesto, de decrecimiento exponencial, nos lo encontramos en el tiempo que tardaron las empresas en llegar a mil millones de dólares de capitalización bursátil. Una empresa promedio del Fortune 500, 20 años. Google, en 1998, tardó ocho años. Facebook, en 2004, unos cinco. Tesla, cuatro. Uber y WhatsApp, que salieron a bolsa en 2009 tardaron algo más de dos años y Snapchat, en 2011, algo menos. El término «unicornio» se refiere a las *startups* que toman una valoración de mercado muy alta en muy poco tiempo —tanto, que no les da tiempo a perder su estatus de *startups*—. Un unicornio es una *startup* valorada en más de mil millones de dólares. El término fue acuñado en 2013 por la capitalista de riesgo Aileen Lee, eligiendo al unicornio para representar la rareza estadística de tales empresas. Sin embargo, no es tan difícil verlas: había 279 unicornios en marzo de 2018. Algunos ejemplos: DiDi, Airbnb, Lyft, Stripe o Palantir Technologies.

Toda esta «exponencialización del ritmo de vida» generará quebraderos de cabeza.

El primer problema es educacional, ya que el ser humano tiene una capacidad de adaptación al entorno y de aprendizaje lineal o logarítmico, y no parece ser capaz de adaptarse a los desafíos morales y políticos actuales, y de absorber la cantidad de información que la tecnología está proponiendo.

El segundo, laboral, ya que en las organizaciones está ocurriendo un fenómeno similar, conocido como la ley de Martec: no son capaces de adaptarse y, en muchos casos, ni siquiera les da tiempo. Para cuando toman consciencia, ya los han adelantado por la derecha. Ha ocurrido en varias industrias y ocurrirá en otras que, mientras escribo estas líneas, ni siquiera lo sospechan.

El tercer problema es productivo, porque hasta ahora hemos visto este fenómeno exponencial aplicado a entes intangibles como el *software* y los datos, pero algunas de las nuevas tecnologías emergentes pueden hacernos traspasar estas fronteras hasta el mundo físico. A la mayor capacidad productiva le responderá un enorme desafío ecológico.

Analicemos estas tres cuestiones más en detalle.

La transformación de la educación

Todo apunta a que la forma en que aprendemos y nos educamos formalmente mutará de forma sustancial durante esta década.

En el año 2011, dos profesores de Stanford, Sebastian Thrun y Peter Norvig, publicaron a través de YouTube una serie de videos que aprovechaban la nueva funcionalidad de la plataforma —botones accionables sobre la pantalla— para encadenar capítulos e introducir pequeñas preguntas y exámenes. El curso era gratis, publicitado por Stanford. Todo se realizaba en línea, incluida la asignación de notas y un certificado emitido por la propia universidad. Fue una locura. Se inscribieron 160 mil alumnos. Dos tercios se encontraban fuera de los Estados Unidos, repartidos por 190 países, es decir, casi todos los que existen. En Irán, donde YouTube estaba bloqueado, un estudiante copió la web de la clase y divulgó los videos —con permiso de los profesores— a otros mil estudiantes. Aunque los primeros cursos en línea (MOOC en su acrónimo inglés, por *massive open online course*) fueron ofrecidos por la Universidad de Manitoba (Canadá) en 2008, el curso de Thrun y Norvig fue el primero que tuvo un impacto significativo a nivel mundial.

Del curso, que duró diez semanas, se extrajeron conclusiones interesantes. La primera, que existía un nicho de mercado para la formación en línea impartida por eminencias en el campo o instituciones de prestigio —Thrun, Norvig y Stanford lo eran—. Los mismos profesores fundaron poco después Udacity, a las que pronto se unieron Coursera —de otros dos profesores de Stanford, con una inversión inicial de 22 millones de dólares y una constelación de acuerdos con universidades—, edX —de Harvard y el MIT y con una inversión inicial de 60 millones— y la versión británica, FutureLearn, operando desde el barrio londinense de Camden Town. La fiebre escaló hasta que la burbuja se pinchó parcialmente en 2013, con la publicación de un estudio[2] que mostraba que la involucración y niveles de finalización de los cursos eran más bien escasos. Lejos de una muerte prematura, esto se asemejó más a los errores típicos de las tecnologías incipientes. Aunque los MOOC no han ni de lejos sustituido a ninguna institución tradicional, cada día se van posicionando mejor para sustituirlas parcialmente.

No está claro el porcentaje exacto de reemplazo que las instituciones de educación superior sufrirán a lo largo de las próximas décadas. Algunos afirman que se borrarán del mapa, cosa que yo estimo improbable. Otros piensan que los MOOC las complementarán, flexibilizando los tiempos y espacios de aprendizaje. Thrun ve un futuro con máximo diez instituciones impartiendo educación superior, lo cual encaja bien con el esquema de *the winner takes it all*, «el ganador se lleva todo», propio de las digitalizaciones disruptivas, como el caso de las redes sociales, donde ni Google fue capaz de entrar con Google+.

Existe demanda. Pero los datos desvelaron algo más profundo. Entre todos los inscritos al curso, el estudiante mejor clasificado de Stanford se encontraba por debajo de la posición 400. El programa se abrió a todo el mundo. Todos, los de Stanford y los de fuera, recibieron la misma formación y el mismo sistema de puntuación. Con la diferencia de que ninguno de los externos había pagado los 40 mil dólares anuales que cuesta la matrícula de Stanford —la deuda estudiantil es una preocupación recurrente en los Estados Unidos—. La pregunta consecuente aquí es: ¿pueden permitirse las instituciones privadas y elitistas entrar al negocio de las MOOC, con cursos relativamente cortos y baratos? La respuesta *a priori* es un rotundo no. Las instituciones de educación superior privadas no están en el negocio de la docencia, sino en el de la acreditación. Sus diplomas funcionan de una forma muy similar al papel-moneda: si se imprimen muchos, se genera inflación y pierden valor. Si deciden entrar a este juego, tendrá que ser de puntillas y midiendo cada paso.

Exactamente eso fue lo que ocurrió. Antes de finalizar las clases, la gerencia de Stanford supo de la magnitud de lo que estaba ocurriendo. Convocó una reunión para decidir qué tipo de acreditación iban a otorgar a los estudiantes, a los que ya se les había prometido algo al registrarse en el curso. Una parte de la preocupación era lícita: en aquel estado incipiente de las cosas, ni siquiera existían mecanismos de acreditación —la biometría, en particular la facial, tendrá un papel importante en el futuro de estos cursos—. No existía forma de comprobar si se habían cometido trampas. Pero la otra parte tenía directamente que ver con permitir que decenas de miles circulasen por el mundo con un certificado de Stanford bajo el brazo. Se acordó enviar una nota a los estudiantes que concluyeran, evitando cualquier tipo de acreditación oficial. De hecho, cuando un periodista usó el término «certificado», Stanford rápidamente solicitó una corrección del término en su nota de prensa[3].

Los interesados por el futuro de la educación deberán seguir de cerca la evolución de este tipo de formatos. Pero independientemente de lo que se vaya a transformar la educación futura, los MOOC suponen hoy una excelente oportunidad para que las empresas ofrezcan formación de calidad a sus empleados. Grandes compañías como AT&T, General Electric o L'Oréal ya han firmado acuerdos de colaboración con MOOC. Y la tendencia continúa. Las ventajas y beneficios son múltiples: los empleados pueden acceder a la capacitación en cualquier momento y lugar, en vez de tener que esperar una sesión de capacitación programada. Se asegura que los empleados estén actualizados con lo último, aspecto que organizaciones que producen su propio material formativo a veces descuidan. Y aún para aquellas que quieren «mantener el control», los contenidos y el aspecto externo de las MOOC se pueden personalizar. Los empleados pueden incluso participar en escenarios de ramificación para encontrar las formaciones que mejor se adapten a sus tareas diarias, en lugar de masificar y homogeneizar contenidos iguales para todos.

Fuera de la educación académica, pero relacionado a la forma en que nos informamos, tenemos el comportamiento del consumo de contenidos. Hemos experimentado en la pasada década un desplazamiento desde medios tradicionales de información —especialmente televisión— hacia nuevas formas de presentación, en particular redes sociales y sitios de noticias en línea. El aterrizaje de los *youtubers* e *influencers* reemplazando a antiguas estrellas de radio y televisión no es más que otro síntoma del mismo cuadro médico: el flujo de información se democratiza y se vuelve bidireccional, con sus ventajas e inconvenientes. Algunos señalan el riesgo de tener individuos no formados en periodismo actuando como tales, obviando que el intrusismo laboral es antiguo y que el hecho de tener sujetos formados no ha impedido la manipulación unidireccional de los grandes medios de comunicación tradicionales.

En 1988, el lingüista Noam Chosmky publicó su clásico *Los guardianes de la libertad* (*Manufacturing Consent*) sobre la independencia de la prensa y las formas más utilizadas de manipulación de la opinión pública. Unos años más tarde, ofreció una conocida entrevista a la BBC con el periodista Andrew Marr. Este preguntó sarcásticamente si la prensa se autocensuraba para no publicar ciertas cosas, a lo cual Chomsky respondió:

> «*[la prensa] no necesariamente se autocensura. Hay un sistema de filtrado que comienza en la guardería y continúa hasta el final y no funciona siempre, pero es bastante efectivo. Selecciona por obediencia y subordinación. (...) Estoy seguro de que crees todo lo que dices. Lo que digo es que si creyeras algo diferente, no estarías sentado donde estás*

[realizando la entrevista]».

La digitalización no parece que vaya a permitir la entrada a una nueva, mayor o inédita manipulación de la información. Ya existía. Pero sí es cierto que temáticas que parecían superadas reaparecen con vigor, popularidad y atención. Todo se exponencializa: lo bueno y lo malo. Movimientos antivacunas, tierraplanistas, *influencers* recomendando antibióticos sin saber lo que hacen[4]... Todo esto suena preocupante, pero es más anecdótico que otra cosa. Ninguna regulación importante se ha cambiado al respecto. Lo interesante será comprobar, al hilo de las declaraciones de Chomsky y dentro de algunas décadas, cómo esta nueva educación en línea influye en nuestro comportamiento como sociedad en el futuro. ¿La libertad de información nos hará libres de pensamiento?

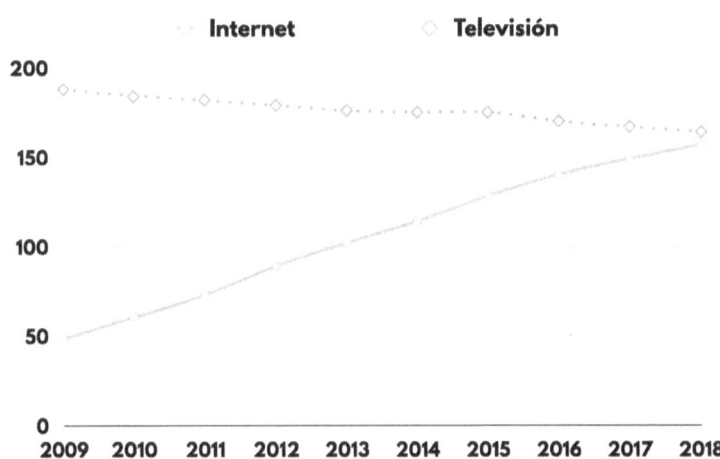

Figura 11: consumo promedio por persona a nivel mundial de televisión e internet. Fuente: Statista y Business Insider.

La transformación del trabajo

Aunque se trata de un fenómeno antiguo, en la segunda mitad del siglo pasado los países desarrollados intensificaron la deslocalización[9] de actividades productivas hacia países en vías de desarrollo. Es un suceso sencillo de comprender: los salarios en los países hacia los que se deslocaliza son menores, por lo que se consigue reducir ostensiblemente los costes de producción. A pesar de la presión sindical, industrias completas como la textil o la automotriz mudaron la mayor parte de su capacidad productiva a países terceros. Ocurrió lo mismo con la industria de desarrollo informático, trasladada sobre todo a la India a partir de la década de los 90. Entre el año 2004 y 2015, se deslocalizaron puestos de trabajo a un ritmo de entre 150 mil y 300 mil por año en los Estados Unidos[5]. Y las encuestas indican que entre el 76% y el 95% de sus habitantes creen que la deslocalización de la producción y manufactura es la razón por la que la economía y el empleo local están sufriendo[6].

Las tres tendencias explicadas en el primer capítulo —importancia del dato, plataformas con bajo capital de entrada y conectividad ubicua — afectarán a este fenómeno. Aunque el resultado final es incierto, algunas fuerzas actuarán como contrapeso a la deslocalización. Se transformarán actividades propias de la manufactura deslocalizada en servicios de proximidad. Se recortarán costes de producción en los países desarrollados y se necesitará mayor mano de obra cualificada a cambio de menor mano de obra barata. La digitalización abrirá las puertas a un resurgir manufacturero de los países desarrollados, sustituyendo capacidad productiva manual por *software* y procesos automáticos. Se amplificará la importancia de la innovación abierta, de la que hablaremos en el siguiente capítulo, y de las universidades y centros de investigación punteros, normalmente instalados en países desarrollados. Cualquier tipo de actividad en posición de ser deslocalizada hoy, lo estará mañana de ser automatizada y repatriada. Incluso aquellas que requieran intervención humana. Por ejemplo, hace algunos años que se está trabajando en la automatización de los centros de llamadas, empezando por algunos casos de uso básicos — solicitar el estado de un pedido, consultar el saldo de la cuenta, etc.—.

---

[9] En inglés, *offshoring* —tercerización con traslado geográfico; no confundir con *outsourcing*, que puede ser local—.

Cada vez más los centros de llamadas deslocalizados serán sustituidos por voces de robots.

El impacto de la digitalización en el reflujo del trabajo ya es tímidamente observable. Los puestos de trabajo en tecnologías de la computación recuperaron en el año 2015 niveles previos al 2001 en los Estados Unidos. Otros sectores siguen todavía deslocalizando a un ritmo imparable. En sumatorio total, el *reshoring*, término utilizado para denominar el proceso de retornar la producción y fabricación de bienes al país original, llegó a niveles récord en 2018 para los Estados Unidos[7], recuperando unos 800.000 puestos de trabajo manufactureros en la década que abarca desde 2010 hasta 2019.

Incluso sin llegar a repatriar, se está observando un fenómeno intermedio, el *nearshoring*, que consiste en devolver el proceso productivo a uno más cercano geográficamente. Por ejemplo, en el caso de los Estados Unidos, trasladarlo a México o Costa Rica. Todo apunta a que el *nearshoring* experimentará un crecimiento considerable en los próximos años, espoleado por la mayor compatibilidad horaria y la cercanía geográfica y cultural. Esto supone enormes oportunidades para economías adyacentes a los países más industrializados. Pongamos como ejemplo un centro de desarrollo de *software* localizado en una zona fronteriza entre México y los Estados Unidos, versus la clásica deslocalización de este tipo de actividades al continente asiático. En el primer caso, el centro generaría puestos de trabajo indirectos para ambos países, como hostelería, transporte e infraestructura, así como impuestos que se pagarían por parte de la empresa y de los empleados que tuviesen contrato local. Cuando los trabajos están ubicados en otro país, todo esto se pierde. En el caso de bienes tangibles, se ganan un gran número de puestos de trabajo en el sector transporte, logístico, distribución y venta al por menor. También los beneficios se reparten más justa y equitativamente: la deslocalización suele favorecer a los socios capitalistas sobre los trabajadores, porque el beneficio del trabajo ejecutado en la deslocalización, así como los beneficios fiscales, recaen principalmente sobre los primeros. Pero cuando los trabajos vuelven, todos se benefician.

Resulta también que la deslocalización no es sostenible *ad eternum*.

Algunos países-objetivo, los más pequeños y que contaban con zonas francas y un gobierno que colaboraba con fuerte inversión, se desarrollaron enormemente desde finales del siglo pasado y adoptaron el conocimiento tecnológico avanzado que se requería para producir y exportar tecnología. Es el ejemplo pionero de los tigres asiáticos. Hoy esos países, en particular Corea del Sur, compite en varias industrias tecnológicas con los países más industrializados y sus costes no se diferencian enormemente a los de Primer Mundo, algunos incluso los superan. Son países pequeños y de importancia demográfica menor. Pero en la India se está desarrollando una importante industria automotriz nacional. Desde hace años, China lidera el mercado de celulares.

En diciembre del 2017 el CEO de Apple, Tim Cook, visitó precisamente China como invitado por el Foro Fortune. En las cajas de los iPhone se puede leer: «diseñado en California, ensamblado en China», así que le preguntaron si esto se debía a los costes laborales. Cook respondió[8]:

> «Existe una confusión acerca de China. La concepción popular es que las empresas vienen debido al bajo costo laboral. No estoy seguro de a qué parte de China van, pero la verdad es que China dejó de ser un país de bajo costo laboral hace muchos años. Y esa no es la razón para venir. La razón es la habilidad, la cantidad que hay en el lugar, y su tipo. Los productos que hacemos requieren herramientas muy avanzadas. La precisión que necesitas tener en estas herramientas es puntera. En los Estados Unidos, podrías intentar tener una reunión de ingenieros de herramientas y no estoy seguro de que pudieras llenar la sala. En China se podrían llenar varios campos de fútbol».

Esto cuadra el círculo para los países desarrollados: por un lado tienen la oportunidad de reducir sus costes drásticamente y permitirse, gracias a este ahorro, mano de obra más cara —la suya—, lo que a su vez conlleva facilidades logísticas, culturales y horarias. Por otro, empiezan a sentir en su espalda la amenaza del aumento de costes de algunos países emergentes en algunas industrias.

Algo relevante y que muchas veces no se considera es que, a pesar del rápido crecimiento de la industria china, Estados Unidos mantiene una producción manufacturera total anual parecida[9], solo que con una población equivalente a una cuarta parte de la china. Esto refleja que los países desarrollados siguen siendo altamente productivos. Por tanto, la competitividad es un asunto de costes. Existe la amenaza de que fenómenos similares a los descritos por Cook en China para herramientas avanzadas se repliquen para otros países e industrias, desbaratando el modelo de las empresas que deslocalizan.

Es cierto que Cook se encontraba en la ciudad china de Cantón y que, frente a ese público, no es fácil hacer un argumento del tipo: «venimos a China porque es barato». Es verdad que su argumento no se puede aplicar a todas las industrias, ni para todos los trabajadores chinos. Pero lo que describe no es nuevo: otros países como Corea del Sur o Taiwan pasaron por la misma transformación de costes. Y el mismo fenómeno puede replicarse en otros países y sectores. Si antes fueron los BRIC —Brasil, Rusia, India y China—, ahora son los MINT —México, Indonesia, Nigeria y Turquía— los candidatos a desarrollarse en los próximos años. Políticas de *nearshoring* en México en sectores como el textil o automotriz podrían venirse abajo si se cumplen las expectativas de crecimiento en las próximas décadas. En India se producen más coches que en México. Brasil, Tailandia y Turquía están en el top 15. Bangladés, Vietnam y la India persiguen a China y Alemania como principales productores textiles. Turquía es séptima y el resto —España, Estados Unidos e Italia— son países con costos salariales elevados. Con estos datos, ¿qué se puede prever que ocurra en estos dos sectores? ¿Cómo evolucionará la relación de fuerzas productivas entre regiones?

En el año 1999, se le concedió el Premio Nobel de Economía a Robert Mundell quien, a pesar de ser canadiense, se le conoce como «el padre del euro» por su trabajo sobre las áreas monetarias óptimas. Mundell decía que para que exista un «área monetaria óptima» se deben cumplir dos condiciones: la convergencia de las magnitudes macroeconómicas y la libertad de movimiento de los factores productivos, en particular capital y trabajo. Cuando se crea la eurozona, efectivamente, convergen las magnitudes macroeconómicas —Maastrich exigía a los países que se integrasen en el euro una inflación, deuda y déficit públicos menores a ciertos valores—. Tras la crisis de 2008, Alemania propuso unas medidas de lucha contra el déficit y la deuda públicos contrarios a los intereses de los países mediterráneos, todos con alto desempleo. Mientras la fórmula para aumentar la demanda agregada y luchar contra el desempleo es bajar impuestos, bajar tipos de interés y aumentar el gasto público, si lo que se quiere es reducir déficit y deuda lo que hay que hacer es precisamente lo contrario. Tras la crisis, el problema surgió con el segundo factor: mientras los capitales fluctúan libremente —incluso fuera de la zona euro—, el factor trabajo no. Los trabajadores deben en todo el mundo tener visas de trabajo para migrar e, incluso en zonas de libre tránsito, como lo es Europa, no es tan fácil cumplirlo en la práctica. Para un siciliano no resulta igual de simple mudarse a Finlandia para trabajar que realizar una transferencia bancaria entre países. Entre el mediterráneo y la Europa germánica no existía el *offshoring*. Pero a partir de ahora, puede que no necesiten mudarse físicamente para conseguir mover su factor trabajo por el mundo. La conectividad será el nuevo medio de transporte.

¿Cómo afectará la nueva realidad laboral producida por la digitalización en mercancías digitales primero y físicas después? Dependerá de qué países sepan atender a la demanda global. Cada vez más el planeta se parecerá a una «zona euro» con libertad de flujo de trabajadores, salvo que ya no necesitarán desplazarse físicamente. Los trabajos irán adonde exista el talento demandado por la economía global y aquí, de nuevo, Europa y los Estados Unidos tienen una oportunidad. Los países fuertemente exportadores, como China, Taiwan, Singapur y Corea del Sur, pueden verse afectados. Como en el caso de Europa, que también cuenta con grandes exportadores con Alemania o los Países Bajos, todo dependerá de que sepan atraer demanda de talento. Pero para países en vías de desarrollo que dependan de manufactura importada, esto puede convertirse en una oportunidad gigante, en especial con proyectos de código abierto que permitan utilizar nuevas tecnologías a bajo coste.

Cuando la adopción de tecnologías de automatización sea suficiente, ciertos trabajos deslocalizados reducirán sus costos marginales hacia hacerlos tender a cero. Algunos serán repatriados. Pero entonces las miradas tendrán que voltearse a lo siguiente. Y lo siguiente es que tendremos trabajos especializados que no habían podido ser deslocalizados pero que podrían ser automatizados. Un ejemplo, todavía sencillo pero que ya podemos apreciar hoy en día, es el cobro en algunos supermercados y tiendas al pormenor, que reemplazan a los cajeros humanos con máquinas que permiten a los clientes leer los códigos de barra y pagar con mínimo de soporte humano. Esto, que todavía tiene poco de automatización y mucho de rebalancear la carga del trabajo desde la empresa al cliente, es solo una pequeña pista de lo que nos espera. Muchos de los trabajos que hoy consideramos «insustituibles» pronto podrán serlo, aunque parcialmente, por la inteligencia artificial y el control remoto. Un reciente estudio hipotiza que la demanda de empleos para los que se requiere alto nivel de preparación tuvo su tope alrededor del año 2000 en los Estados Unidos y, desde entonces, ha estado en declive constante[10].

La transformación de la manufactura

La democratización de ciertas tecnologías, en especial la impresión en 3D o fabricación aditiva, abrirá las puertas a la manufactura social, espoleada por la creciente tendencia hacia la personalización. Pronto diseñaremos nuestras propias herramientas, ropa e incluso nuestra propia casa o coches. Lleguemos pronto o no a tener impresoras 3D domésticas, lo cierto es que las empresas podrán manufacturar digitalmente en sus países de origen, incluso directamente en los puntos de venta, con lo que la cadena de producción sufrirá una completa transformación. La balanza comercial entre China y los demás países, en particular los Estados Unidos, se verá modificada.

La digitalización abrió las puertas a poder crear *apps* de servicios sin grandes inversiones para los pequeños negocios. Nacieron nuevos modelos de negocio, como el *dropshipping*, apalancándose en plataformas como Amazon y vendiendo por internet sin necesidad de acumular inventario, simplemente tomando un pedido y pasándoselo al mayorista. Pero siempre hacía falta un producto de alguien más. Pronto se podrán crear con una reducción de costos similar a lo que hemos experimentado en otros aspectos del negocio. Las economías de escalas y la producción en masa quizá dejen de tener tanto sentido. En todos lados esto supondrá un desafío legislativo. Una mesa de Ikea impresa con materiales idénticos por otro sujeto a partir del mismo diseño digital podrá ser ilegal, ¿pero es falsa? Quizá debamos redefinir nuestro concepto de «piratería». ¿El traslado de un diseño digital debe pagar impuesto de aduana? ¿Puede legislarse efectivamente ese tipo de impuesto? Sucederá con los objetos tangibles lo mismo que ya nos sucedió con las canciones y las películas. Y en las empresas, ¿cómo serán las nuevas relaciones laborales, los estatutos y leyes en un mundo en el que el trabajo a distancia sea la norma, no la excepción? ¿Quién se beneficiará del aumento de productividad?

La impresión 3D es tan importante porque abre la posibilidad a que los objetos físicos accedan a la espiral exponencial en que entraron previamente las cosas intangibles, como la música o el video. En ese planeta digital no existen las restricciones, se pueden realizar copias infinitas de una canción sin sustraer a nadie de su copia. La línea que separa lo digital de lo físico se estrechará más y más hasta difuminarse. Algunas técnicas de manufactura quedarán obsoletas y, a cambio, el *software* se hará más importante —si cabe—.

La tecnología que nos ocupa nace en los años 80. En el ámbito industrial ya lleva más de dos décadas utilizándose. ¿Por qué no ha madurado todavía? De forma similar al coche eléctrico, que requiere de la coordinación de un elenco enorme de tecnologías, la impresión en 3D depende de cabezales de alta precisión, láseres, adhesivos plásticos, extrusión avanzada, así como del desarrollo de *software* adecuado y preparación de materias primas —por ejemplo, en algunas técnicas necesitamos pulverizar—. Hoy en día existen impresoras 3D que utilizan cerámica, aluminio, vidrio y metales. Modelos de impresora relativamente baratos son ya capaces de imprimir con una precisión de 0.1 mm. Muchas técnicas son todavía lentas, pero la tecnología se sigue desarrollando.

A lo largo de la historia, los métodos con que el ser humano ha fabricado sus objetos se pueden dividir en dos familias. Las primeras y más primitivas herramientas humanas consistían en tomar un trozo de material e irlo cortando, limando, raspando, troquelando o esculpiendo hasta obtener la forma adecuada. Pero también algunas de las más grandes obras de la escultura fueron realizadas tallando sobre mármol o piedra. El otro método es todo lo contrario: añadir material y darle forma, sea con las propias manos, como hacen los artesanos del barro, o mediante un molde, como todavía hoy se fabrican infinidad de objetos. Por ejemplo, los cascos de los barcos hechos con fibra de vidrio. Ambos métodos son problemáticos: en el primer caso, la eficiencia de la materia prima es muy escasa, pues la que se deshecha en muchos casos no se puede reutilizar. Tiramos a la basura enorme cantidad de material valioso. En el segundo caso, la generación del propio molde puede llegar a ser muy laboriosa, como en el citado de los barcos.

La impresión 3D, cuyo nombre técnico es «manufactura aditiva», es una evolución muy sutil del segundo método, excepto que no requiere la construcción de ningún molde ni la aplicación de fuerza posterior para moldurar el material. El hecho de usar un método aditivo es importante, porque la cantidad de residuos producidos decrece considerablemente. La impresora obedece instrucciones de un programa. Por tanto, le resulta indiferente la complejidad del objeto que esté imprimiendo. En el caso del moldeo, hacemos un molde para una pieza, y ciertas operaciones resultan imposibles. Con una misma impresora, en cambio, podemos imprimir infinidad de objetos diferentes. Se abre la puerta a amplias posibilidades de personalización, algo crítico para muchos modelos de negocio. Más de los que pensamos. La impresión 3D nos puede devolver a los tiempos previos a la Revolución Industrial, cuando la masificación debida a la economía de escala rompió con las formas de fabricación anteriores, muy costosas pero personalizadas. Antiguamente, la ropa se hacía a medida, en casa o encargada a un sastre; los muebles eran únicos, solicitados a un carpintero. Los primeros modelos de Ford se hacían casi completamente a mano y venían en varios colores; después de la aplicación de su famoso sistema de trabajo en cadena y la producción masiva que permitiese reducir costos, llegó su famosa cita: «*un cliente puede tener su automóvil del color que desee, siempre y cuando sea negro*».

La manufactura aditiva también aportará en el aspecto ecológico. El enorme gasto y polución producidos por la logística de piezas para ensamblaje mundial se verá reducido, ya que se localizarán los puestos de producción. Lo que se trasladará serán los archivos digitales con los planos. Habrá menos mermas en el inventario, menos deshechos, menos pérdidas económicas y la fabricación *just in time* se radicalizará. Se podrán adaptar las calidades, porque una misma pieza se podrá fabricar de mejores o peores materiales simplemente recargando la impresora, reutilizando los mismos planos. Si el ser humano sigue contaminando el planeta a los niveles actuales, será debido a su modelo de consumo, no su modelo productivo. Esta es una tecnología candidata a paliar muchos de los grandes males que acechan al porvenir humano. Ante la escasez de vivienda, o la imposibilidad de gestionar nuestros parques inmobiliarios vacíos, se podrá optar por la compra de terrenos más baratos alejados de las urbes, en donde la construcción de una casa impresa en 3D es ya posible y donde se prevé la mayor cantidad de reducción de costos con esta tecnología. En Francia, varias corporaciones, incluidas los gigantes Saint Gobain y Vinci, construyen con tecnología de XtreeE[11]. La impresora D-Shape, una de las más populares en este ámbito, fue patentada en el 2005 por Enrico Dini y desde entonces se ha utilizado para construir desde puentes hasta esculturas. Con la llegada de la impresión 3D cabe preguntarse qué rol tomarán los arquitectos, diseñadores de interiores y otros profesionales que hoy manejan programas como AutoCAD. Posiblemente, su adaptación al mundo de la impresión 3D pasará por la adecuación de sus habilidades a la programación.

Figura 12: esta es la primera casa habitable impresa de Europa, construida en Rusia en el 2017, con una planta de 300 metros cuadrados.

En el sector salud, encontramos desde hace unos pocos años prótesis, implantes dentales y auriculares para mejorar la audición impresos en 3D. Y en los próximos años avanzará fabulosamente el diseño de fármacos bajo demanda. En 2015, Aprecia, una compañía a caballo entre el futurismo y la farmacéutica, dedicada en exclusiva a la fabricación de medicamentos impresos y la tecnología necesaria para obtenerlos, obtuvo la licencia para comercializar el primero, Spritam. Lo obtiene con una tecnología de impresión propietaria llamada Zipdose[12]. La misma FDA publicó un comunicado[13] de prensa a finales del año 2017 con una serie de recomendaciones para los fabricantes que estén buscando adentrarse en la comercialización de esta clase de medicinas. Y, en paralelo, se investiga en el desarrollo para la impresión de órganos humanos. ¿Ciencia ficción? Lo es todavía para órganos complejos, como el hígado o los riñones. Pero desde 2004, Luke Massella es el primero con una vejiga implantada impresa en 3D, y hasta finales de 2018 seguía manteniendo la misma[14]. El avance en impresión de órganos, de hacerse realidad, será particularmente importante en la educación de futuros médicos y para la mejora en el porcentaje de éxito de los transplantes. Se evitará el rechazo inmune a los órganos donados por terceras personas, al realizarse la impresión con células del propio paciente[15]. Si te interesa este tema, te recomiendo encarecidamente que visites la web http://www.all3dp.com.

El mismo concepto de bioimpresión se puede aplicar al plano alimentario, aunque nos vaya a costar hacernos a la idea. En pocas décadas estaremos comiendo carne impresa, lo que mejorará enormemente el sentido ecológico de nuestra alimentación y evitará parte del maltrato animal actual. Recordemos que la presión hacia el consumo de carne crece cada año debido a la enorme ineficiencia con que la producimos. Imprimir carne es una alternativa ética y ecológica al vegetarianismo, al que no parece que la mayor parte de la población se quiera entregar en los próximos años. Y no solo carne: la impresión de alimentos nos ofrece una amplia gama de beneficios adicionales. Permitirá procesar ingredientes alternativos a la proteína animal, como de algas o insectos, en productos más sencillos de consumir. También abre la puerta a la personalización de alimentos y de las dietas y facilitará una alimentación más sana, medible y controlable por un médico. En algunos lugares del mundo ya es posible hoy degustar comida impresa, como algunas cafeterías Starbucks de Los Ángeles que ofrecen los helados impresos en 3D de Dream Pops (ver imagen).

Figura 13: helado impreso en 3D y producido por la compañía Dream Pops.

¿Llegará la impresión 3D a los hogares? Como ocurre en todas las adopciones tecnológicas, no de momento. En algunos lugares llegará antes, en otros después. Está por comprobarse el impacto real que tendrá en su uso doméstico, en relación al que tendrá a nivel industrial y macroeconómico. Para el uso personal, los modelos de negocio que permitan subir a la nube archivos digitales e imprimirlos bajo demanda en almacenes se hará muy popular.

Una cosa es segura: la digitalización traspasará la frontera de lo intangible para colarse en el mundo físico. Y esto tendrá consecuencias macroecómicas todavía difíciles de predecir.

Práctica

Cómo innovar

5

*«La primera regla es no engañarte y tú eres la persona más fácil de
engañar»*
—Richard Feynman, 1918-1988

En el año 2006, el actor George Clooney participó por primera vez en un anuncio de Nespresso. Vestido de elegante traje oscuro y mostrándonos una vida de lujo, el spot recordaba a los producidos por Martini una década antes y otros de la larga tradición de publicidad de tabaco fino, perfume y ropa de marca. Excepto que en este caso, Clooney, icono sexual, no un cualquiera, promocionaba algo más banal: café. Y lo hacía para una marca relativamente desconocida, a pesar de llevar veinte años en el mercado y pertenecer al conglomerado alimentario más grande del mundo.

Los hitos en la historia de Nespresso parecen ocurrir cada diez años. El primer diseño de su máquina de café es de 1976. Su primera prueba de concepto de 1986. En ese mismo año se constituye como empresa dentro del grupo Nestlé y obtiene sus primeras ventas significativas en Japón y algunos países de Europa. Su primera patente fue solicitada en 1996. En esa misma década se creó *Le Club Nespresso*, cimentando la marca de lujo en la que pronto se convertiría.

El secreto de Nespresso no está en el café. Se halla en todo lo que se encuentra alrededor: su máquina, con centenares de patentes asociadas, pero por encima de todo el glamour que genera en torno a su marca. Las tiendas, la experiencia, el estatus social. *George*. No necesitaron inventar una bebida inexistente. Ni siquiera la idea de convertir el café en un producto de lujo era nueva. Ya se les había ocurrido a los fundadores de Starbucks en los años 70, tras un viaje a

Europa. Así empezaron, queriendo ser una tienda de café de lujo. El sistema de cafetera con *pods* fue replicado rápidamente por otros fabricantes, como Nescafé o Koblenz. Sin embargo, las ventas de Nespresso no han parado de crecer.

Uno de los mayores mitos de la innovación y del emprendimiento —hablaremos de algunos más— es que se necesita una idea brillante, única, que a nadie más se le haya ocurrido nunca. Y que sea un producto. ¿Qué podríamos inventar o vender? Es la pregunta más frecuente. Raramente salta a escena el cómo. Alguna vez el a quién o el dónde. Nunca el cuándo. Jamás el por qué.

Las amistades peligrosas: obsesión con el producto, ninguneo al cliente. Nos encerramos y preguntamos dentro de nuestro cajón: ¿qué es esa cosa que nadie vende y que yo podría desarrollar? El problema no solo se limita a la innovación, sino que afecta también a productos actuales de nuestra cartera: al obviar todas sus posibles ramificaciones perdemos argumentos de venta.

Algo a tener en cuenta cuando estamos evaluando un producto es la diferencia entre calidad y utilidad. Algunos autores se refieren a ambos términos de formas distintas, así que definámoslas. Por utilidad me refiero a la capacidad de un producto para saciar nuestra necesidad básica. ¿Sirve o no sirve? Con calidad hablo del amplio abanico de funcionalidades y consideraciones adicionales que lo circundan, convirtiéndolo en más sugestivo para el consumidor, aún desafiando el raciocinio. Con calidad nos referimos a su atractivo, no a su hechura.

Pongamos el caso de un automóvil utilitario y un Ferrari, desde el punto de vista de un comprador que necesita desplazarse 10 kilómetros hasta su trabajo y volver. Si ambos automóviles son capaces de consumar esta acción, cubrir esta necesidad, el comprador pasará automáticamente a evaluar otros factores que tienen que ver con la calidad según su propia definición. Esto último es importante, pues cuando diseñamos productos nuestra mente tiende a viajar hacia cosas que para nosotros tienen sentido, sin preocuparnos por comprobar si también lo tienen para nuestra clientela objetivo. La utilidad suele estar meridianamente clara. Es algo más simple: sabemos para qué sirven un tenedor, un calcetín o un libro. Un cigarro sirve para fumar, pero este acto puede ser ejecutado con el objetivo de calmar la ansiedad, someterse a una adicción o gustarle al chico del pupitre de al lado. En el fondo, a la que lo utiliza para gustarle al chico no le gusta el tabaco. Así que insertar una cápsula de mentol en el filtro parece una buena idea. Esa misma cápsula es un sacrilegio para el que sí disfruta del sabor original. Etcétera. La segunda derivada es terriblemente subjetiva. Por eso funcionan las técnicas ágiles de descubrimiento y diseño, como *Design Thinking*. Por eso es tan importante la empatía con el cliente y la segmentación.

A veces damos por hecho que la utilidad, por ser básica, se ve siempre cumplida. No siempre es el caso. Un operador de telecomunicaciones con mala calidad de red verá seriamente afectado el atractivo de su producto, independientemente de la marca, la calidad de atención al cliente o la paleta de colores. Su fin último es la conectividad y si no es capaz de proveerla —digamos porque existen demasiadas sombras, o la señal se desvanece durante un desplazamiento en coche— no tiene un producto útil. Se intentará adornar mediante atributos más propios de la calidad: un precio atractivo, publicidad, promociones continuadas, etc. Pero entonces el cliente responderá: «no quiero pagar menos, lo que quiero es poder usar mi teléfono cuando lo necesite».

Figura 14: pirámide de Maslow.

Pensemos en la pirámide de Maslow (ver figura 14). Se trata de una teoría de motivación que intenta explicar qué impulsa la conducta humana. La pirámide consta de cinco niveles ordenados jerárquicamente según nuestras necesidades: fisiológicas, de seguridad, sociales, de estima o reconocimiento y, en el último nivel, necesidades de autorrealización. Un producto sin utilidad no conseguirá ocultar que su cimiento es demasiado débil, del mismo modo que un sujeto que no tiene qué comer no puede ni soñar en autorrealizarse.

Recientemente visité una compañía que necesitaba replantear su estrategia de ventas. Tenían un gran producto desde el punto de vista de la utilidad. Cuando lo presentaban ante posibles clientes, los que captaban su potencia en total profundidad se quedaban asombrados. Gritaban al instante que lo querían. Pero este era el problema: solo quienes podían entender en profundidad el producto, es decir, los expertos del área, querían comprarlo. Estos se hallaban normalmente en minoría, no tenían capacidad de decisión o necesitaban el presupuesto de otra área. El *software* era especializado, de nicho, pensado para áreas de soporte. Solo quienes trabajaban día a día en esas tareas concretas entendían su funcionalidad. En muchos casos, los tomadores de decisión y compradores eran otros. Para algunos de ellos, aspectos presuntamente superfluos como permitir adaptar la interfaz gráfica al color corporativo eran esenciales. «Tiene que ser en azul turquesa, absolutamente». Como alto mando, su preocupación está en la marca. En cambio, para los creadores que diseñaron un producto puntero capaz de resolver problemas técnicos complejos, el cromatismo visual podía pasar de largo. Error. Cada quien percibe la calidad según su propia definición.

Cuando hablamos de innovación vale la pena tener presentes las enseñanzas de la economía conductual, en inglés *behavioral economics*. Esta disciplina ha ganado dos premios Nobel en las primeras dos décadas del siglo XXI, en 2017 con Richard Thaler y en 2002 con Daniel Kahneman. Es también muy notable el trabajo en este campo del canadiense Hersh Shefriny; y el de Robert Shiller en el campo de las finanzas conductuales, acerca de la sobrerreación de los mercados a las noticias.

Nuestras decisiones se rigen por dos sistemas de pensamiento: uno rápido, intuitivo y basado en sentimientos; y un sistema lento basado en razonamiento. Soñamos con vivir instalados en el segundo de los sistemas: somos conscientes, reflexivos, nuestras acciones premeditadas... La realidad es que el primero toma más partido de lo que pudiera parecer. Origina sentimientos que son fuente de creencias. Las creencias no son siempre nocivas, nos permiten tomar decisiones automáticas, porque «eso ya lo sabemos». No necesitamos recalcularlo todo en el día a día, lo cual resulta práctico. Cuando conducimos, no nos concentramos en cada pisotón al embrague. Pero si son creencias equivocadas, nos cuesta terriblemente corregirlas. Por eso, conducir por la izquierda en ciertos países o pasar de cambio a automático a estándar es tan trabajoso. Como consecuencia, una conclusión primordial de la economía conductual es que tomamos decisiones basadas en aproximaciones y condicionados por aspectos irracionales, los que rigen al primer sistema de pensamiento.

Kahneman describió ampliamente estos dos sistemas aunque ya antes de su trabajo se sospechaba que funcionábamos así. Hoy se ha popularizado una idea similar asociada a la evolución del hombre, llamada cerebro triúnico. Esta idea nombra a cada sistema de pensamiento según una sección física del cerebro: reptiliano, límbico y neocortex, lo cual era una bella metáfora, más poética seguramente que los sistemas «uno» y «dos» de Kahneman. El problema es que algunos no pensaron que fuera metáfora. Hasta hoy ha llegado la idea de que tenemos un pedazo de cerebro interior que proviene directamente de los lagartos y que, de vez en cuando, piensa por sí mismo. Quizá debamos señalar a Carl Sagan y su libro de 1977, *Los Dragones del Edén*. No hay que culparle: Voltaire hizo lo mismo con la famosa historia de Newton y la manzana. Nos encantan las historias, las metáforas, los símiles. Lo cierto es que Paul MacLean, el autor original del modelo triúnico, siempre se refirió a él de modo hipotético y metafórico, y la teoría de la evolución del cerebro triúnico no es aceptada en la comunidad científica.

Sea como fuere, si no paramos y requerimos más a menudo al sistema reflexivo, podemos tomar decisiones costosas. La manera en que el primer sistema toma este tipo de malas decisiones se conoce como «sesgos cognitivos». Tomemos este ejemplo clásico que proviene del trabajo del mismo Kahneman y Amos Tversky hacia finales de la década de los setenta:

¿Cuál de las siguientes opciones preferirías?
Caso 1: ¿Una ganancia segura de 250, contra una probabilidad del 25% de ganar 1000 y una probabilidad del 75% de no ganar nada?
Caso 2: ¿Una pérdida segura de 750, contra una probabilidad del 75% de perder $ 1000 y una probabilidad del 25% de no perder nada?

Si realizamos el cálculo de la esperanza matemática —sumatorio de las probabilidades multiplicadas por los retornos—, ambos escenarios son exactamente iguales. Pero Kahneman y Tversky observaron astutamente que el comportamiento humano difiere ante escenarios de ganancia y pérdida. Nuestra aversión al riesgo es mayor en casos de pérdida. De modo que una mayoría elegiría la primera opción en el primer caso, asegurándose una ganancia, mientras que tomarían la segunda opción del segundo caso, arriesgándose a perder más con tal de tener esperanza de no perder. Quien haya invertido en bolsa o intentado hacer *trading* conoce bien este fenómeno: la mayor parte de los inversores se resisten a cortar una posición perdedora y la alargan hasta arruinarse. Pero en cuanto vislumbran números verdes pierden la paciencia por cerrar la posición y recoger beneficios. Beneficios cortos y pérdidas largas. Por no respetar principios básicos de gestión monetaria y esperanza matemática, entre el 80% y el 95% de los inversores pierde dinero haciendo *trading*, principalmente por cuestiones psicológicas. Esto se debe a que somos menos receptivos a un escenario de pérdida segura. Somos más proclives a arriesgar incluso ante la posibilidad de poder perder un poco más.

De la misma manera, tendemos a ver más atractivo el precio de un producto que partía de una configuración más completa y se ha recortado a cambio de una rebaja, que el mismo precio y la misma configuración partiendo desde una más básica. A pesar de que el resultado final sea el mismo, tanto en configuración como en precio. Este comportamiento, aparentemente irracional desde el punto de vista de la teoría económica clásica —según la cual el *homo œconomicus* siempre toma decisiones racionales—, refleja precisamente la manera en que nuestra mente actúa a la hora de comprar.

¿Qué nos quiere decir esto? El ejemplo de Nespresso enseña que no necesitamos algo nuevo para poder tener una sociedad exitosa. Los trabajos de Kahneman, Tversky y MacLean muestran que el ser humano no toma siempre decisiones racionales ante escenarios económicos. Tener un buen producto no garantiza ventas si no sabemos qué quiere la gente. Larry Keeley habla de al menos diez tipos diferentes de innovación[1]: en el modelo de negocio, en la red de contactos con la que puedes complementar tu oferta, en tu misma estructura organizacional, en los procesos, en la funcionalidad del producto —que puede generar necesidades previamente desconocidas—, paquetizando —cómo lo complementas con accesorios—, en el servicio, en el canal de venta, en la marca y en la interacción con el cliente. Varias de estas formas de innovar las iremos comentando a lo largo del libro. Hay océanos completos de alternativas en donde innovar aún si tu producto es tan simple como una hoja de papel en blanco. Cuando pienses en innovar, ataca a los cinco sentidos. Piensa en la vista, el gusto, el oído, el tacto y el olfato. Y piensa en lo que no se siente: el corazón, los sentimientos, el estatus social. Diseña en tu cabeza la historia que cuenta, imagina posibles anuncios publicitarios. Cuando pensemos en las ramificaciones, hay un universo por explorar más allá de la funcionalidad y del producto en sí.

Innovación abierta

En la primera sección hablamos de la inteligencia colectiva y sus ventajas. Una forma de aprovecharla, como en los ejemplos de Linux y Wikipedia, es la innovación abierta —en inglés, *open innovation*—. Hace unos años, Bill Gates se refirió a Microsoft como un «monopolio de la inteligencia». Bill Joy, cofundador de Sun Microsystems, respondió sarcásticamente que «no importa quién seas, la gente más inteligente trabaja para alguien más». Esta historia se ha trasladado al imaginario colectivo como la Ley de Joy, aunque parece ser que Gates nunca estuvo involucrado en el asunto y que la historia es apócrifa[2]. De hecho, el mismo Gates no es precisamente admirador de los test de inteligencia[3]. Una cosa es cierta: es imposible monopolizar el talento ni las ideas. No podemos tenerlas todas. Tradicionalmente, las organizaciones han gestionado la innovación de forma cerrada, con proyectos de investigación que se conformaban exclusivamente con el conocimiento y los medios de la propia organización, creyendo que ostentaban el monopolio de la inteligencia ellas también. La innovación abierta consiste simplemente en cooperar con organizaciones o profesionales externos. Esto es sencillo decirlo pero no tanto ejecutarlo. Varias barreras culturales se oponen, además de la desconfianza habitual de los seres humanos a compartir sus grandes ideas y conocimiento. En este contexto las universidades y centros de investigación cobran especial relevancia.

En los Estados Unidos existe el programa SBIR, *Small Business Innovation Research*, que aglomera fondos de varias agencias, incluyendo agricultura, comercio, defensa, educación, energía y salud, entre otras. Empresas como Qualcomm o Symantec se han beneficiado de este programa. En Europa nos encontramos el Programa Marco, bautizado en su octava edición como Horizonte 2020, con un presupuesto dedicado de alrededor de 77.000 millones de euros; y como Horizonte Europa en su novena (2021-2027), con 94.100 millones de euros presupuestados. En él se concentran todas las ayudas europeas a la innovación de grandes y pequeñas empresas, que generan consorcios y cadenas de valor a los que se suben organizaciones de todo tipo y tamaño. Es el programa de investigación e innovación más grande de la UE. Entre 2014 y 2016, se presentaron un total de 115.235 propuestas elegibles en convocatorias de Horizonte 2020, solicitando una contribución financiera total de la UE de 182.400 millones de euros. Esto representa cerca de 400.000 aplicaciones. En total se firmaron 13.903 acuerdos de subvención, con una contribución de la UE de 24.8 mil millones de euros. Casi la mitad de los participantes son pymes, que reciben en torno al 20% de la bolsa. Entre 2014 y 2016, el H2020 asignó casi 900 millones de euros a las pymes, sobre un total de 2.319 concesiones[4].

Ni siquiera es necesario lanzarse a la búsqueda de fondos públicos. En Canadá se celebra todos los años el Coopérathon (cooperathon.ca), mayor evento de innovación abierta del país, en el que participan miles de personas y se extiende durante casi dos meses, de octubre a finales de noviembre y cubre cinco ciudades: Montreal, Quebec, Toronto, Waterloo y Shawinigan. Toman la metodología Google Design Sprint[5], pensada para realizar prototipos rápidos en una semana, y se lanzan en una maratón colaborativa. Cuenta con seis rutas diferentes: finanzas, salud, educación, energía, medio ambiente y agricultura.

¿Pero por qué innovación abierta? «*Creemos que es imposible que una organización tenga todas las mejores ideas*», dice el CEO de General Electric Appliances (GEA), Chip Blankenship, «*y nos esforzamos por colaborar con expertos y emprendedores en cualquier lugar que comparta nuestra pasión por solucionar algunos de los problemas más urgentes del mundo*». GEA tiene su estrategia de crecimiento, llamada Ecomagination, y su comunidad en línea y física dedicada al diseño y construcción de electrodomésticos. En España, la óptica Alain Afflelou impulsa un programa de escucha activa de sus clientes a través de la comunidad en línea ideas4afflelou.es. Varias ideas de negocio han salido de aquí, por ejemplo unas lentes con monturas intercambiables, que ofrecen la posibilidad de variar de estilo de gafas de forma periódica, o una máquina de personalización de monturas que gamifica[10] sus tiendas físicas.

En Latinoamérica, la brasileña Natura lanzó su programa de innovación abierta en 2006[6]. Diez años después, contaba con una treintena de acuerdos con universidades, más de la mitad de su cartera de productos cosméticos provenía de estos acuerdos. Estructuró un departamento específico, que en realidad era modesto —unos 250 empleados en 2012—. Lanzó el Natura Campus para consolidar esta relación con las universidades y generó otras plataformas internas que permitían firmar alianzas con profesionales no académicos que fomentasen esta cultura de innovación.

Buscar nuevas formas de aliarse también es innovar.

---

[10] La ludificación, aunque parece haber triunfado el anglicismo *gamificación*, se refiere al uso de técnicas propias de los juegos como sistemas de puntuación, recompensa y objetivos en otras áreas. Por ejemplo, Waze te otorga puntos por alertar a otros usuarios de un accidente de tráfico.

El papel imprescindible del gobierno

La innovación abierta se alimenta de una colaboración estrecha con el sector público para funcionar.

¿Por qué ha existido tanta innovación tecnológica en los Estados Unidos durante las últimas décadas? La respuesta es sencilla: el inversor de capital riesgo más grande del mundo vive allí. Son los propios Estados Unidos. La suposición de que el rol del sector público se limita a incentivar la innovación liderada por el sector privado, a través de subsidios, reducciones de impuestos, fijación de precios de combustibles, normas técnicas, etc., es tan falsa como peligrosa. Esta idea parece ignorar la plétora de ejemplos en que el esfuerzo emprendedor proviene del propio gobierno.

Tomemos el ejemplo del *smartphone*, el objeto tecnológico más importante de inicios de este siglo. En comparación con las generaciones de teléfonos anteriores, un *smartphone* se caracteriza por una serie de funciones adicionales que le otorgan capacidad para realizar muchas cosas, además de ejecutar llamadas telefónicas. El elemento habilitador de todas estas funciones es internet, que los *smartphones* capitalizan como ningún otro dispositivo. Internet se comienza a desarrollar en la década de los 60 como parte de un proyecto militar, encargado por el gobierno federal de los Estados Unidos. El objetivo es construir una nuevo sistema de comunicación robusta y de arquitectura tolerante a fallos en redes de computadoras. La red pionera se llamó ARPANET, tomando su nombre de la agencia pública que lo financiaba —*Advanced Research Projects Agency*, ARPA— junto con el Departamento de Defensa. El primer mensaje a través de ARPANET fue enviado en 1969. En paralelo, surgían iniciativas en Francia y Gran Bretaña, como el NPL network. De un proyecto francés llamado CYCLADES y financiado por el *Institut de Recherche en Informatique et en Automatique* tomaron Vint Cerf y Robert Kahn varios conceptos para proponer, en 1983, el actual protocolo TCP/IP. En ese momento, el proyecto estaba siendo financiado también por la *National Science Foundation* (NSF). Con estas invenciones, las computadoras ya se podían conectar y recibir información, por ejemplo mediante un cliente Telnet o mediante protocolos como FTP. Pero Internet como hoy la conocemos, con páginas que se identifican con URLs del tipo http://www.nombre.com, mediante el protocolo HTTP y que se interconectan a través de hipervínculos, así como el primer explorador de internet, son obra del británico Tim Berners-Lee, que por entonces trabajaba en el centro de investigación CERN, en Ginebra, con fondos públicos europeos. Es el año 1990 y han pasado décadas desde que varios países en paralelo empezasen a trabajar en las diversas tecnologías que constituyen el crisol que es internet. Es solo en este momento cuando la iniciativa privada se empieza a sumar en masa, tardando menos de diez años en producir la primera burbuja económica, el 11 de marzo de 2000, la de las «punto com».

El sector público nos donaría todavía más: el primer explorador de uso general, *Mosaic*, desarrollado con fondos de la NCSA en la Universidad de Illinois. Hasta 1994 no aparecería el primer navegador privado, Netscape, que en todo caso provenía de la experiencia de su creador, Marc Adreessen, en la propia NCSA. Siempre existe un enlace con el sector público. Tras ganar casi toda la cuota de mercado en pocos años, Mosaic fue licenciado para crear Microsoft Explorer en 1995.

Sobre internet se encaraman infinidad de servicios. Hablamos en capítulos anteriores de PageRank y el buscador de Google. Parece ser que el trabajo original de Page y Brin fue financiado también por una beca de la National Science Foundation[7]. Otra tecnología significativa es el GPS, que nos permite utilizar servicios como Waze o Google Maps. Fue iniciado por el Departamento de Defensa en 1973 como proyecto público estadounidense y propiedad de la Fuerza Aérea de los Estados Unidos. Todavía hoy es el contribuyente estadounidense quien sufraga un servicio que se disfruta en todo el mundo. Toda la financiación del programa proviene de los ingresos fiscales generales[8], lo cual supone unos 1.500 millones de dólares anuales.

«¿Cómo podría buscar en mi agenda? Ya sé: deslizando con el dedo». Durante la presentación del iPhone, en 2007, el público asistente gritaba asombrado ante la demostración de la nueva interfaz gráfica del equipo de Steve Jobs. Pero las pantallas táctiles son antiguas y de origen público: el primero en describir una pantalla capacitiva fue Eric Johnson, del centro de investigación inglés *Royal Radar*

Establishment, en 1965. Pocos años más tarde, Frank Beck y Bent Stumpe, ingenieros del CERN, desarrollaron la primera pantalla táctil transparente. En realidad, las pantallas táctiles combinan una serie de tecnologías que han sido financiadas por el Departamento de Energía, la CIA, la NSF y el Departamento de Defensa.

La batería de litio proviene de un proyecto del Departamento de Energía[9], el microprocesador, del DARPA[10]. El primer sistema de comunicación móvil de generación 0G es de la Unión Soviética, desarrollado a finales de los 50 y usado a partir de 1963 en varias ciudades del país, con un dispositivo llamado Altai, ver figura 15. La primera red 1G aparece en Japón en 1979 gracias a la sociedad gubernamental NTT, que fue privatizada seis años después y es la cuarta empresa de telecomunicaciones del mundo. Más de la mitad de las diez mayores firmas de telecomunicaciones del mundo en 2019, fueron o son propiedad del estado: China Mobile, NTT, Deutsche Telekom, Telefónica, America Móvil[11] y China Telecom. El resto recibe fuertes subvenciones.

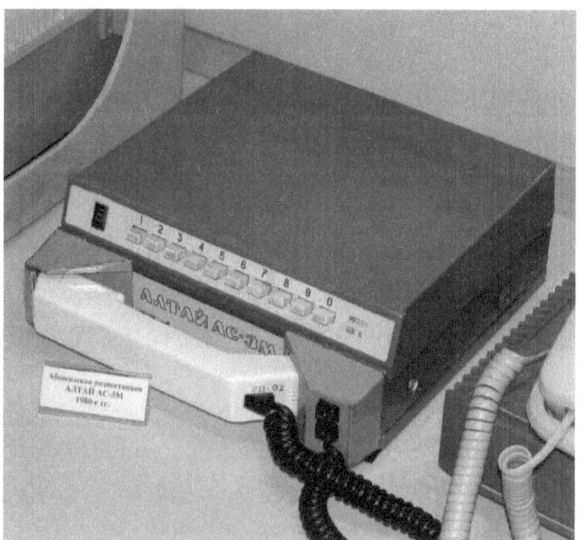

Figura 15: teléfono Altai en la década de los 80.

---

[11] Telmex fue comprado por el Estado mexicano en 1972 hasta su venta a Carlos Slim en 1990.

La lista es infinita y el fenómeno se replica en todas las industrias. La farmacéutica está fuertemente subvencionada por el NIH; los paneles solares provienen de un proyecto del Departamento de Defensa; las baterías que impulsan los coches eléctricos de Tesla, también. Tesla ha recibido unos 4.000 millones de dólares del gobierno de los Estados Unidos. Aunque pueda parecer mucho, es de hecho menos de lo que reciben los manufacturadores de coches no eléctricos[11].

La investigación básica supone décadas de inversiones. Plazos de diez o quince años. Mientras, los inversores de capital riesgo no suelen tener paciencia más allá de un lustro. Así que esperan a que todo el riesgo inicial se haya tomado. Es decir, que el gobierno lo haya tomado. Las tecnologías más revolucionarias son también las más arriesgadas. Esto no exime de mérito y responsabilidad al sector privado. Explicamos a principio del libro el acrónimo I+D+i: investigación básica, desarrollo, innovación. Sin inversión pública, no existiría la investigación básica necesaria para desarrollar la mayoría de las tecnologías que están cambiando el mundo hoy en día. Sin innovación, no tendríamos productos tan bien diseñados y pensados según las necesidades del cliente, que es, a fin de cuentas, el que termina pagando.

Recordemos: el ser humano se siente fascinado por las historias. No le entretiene ver a Newton encerrado veinte años entre fórmulas, prefiere una manzana cayendo de un árbol provocando un cuanto súbito de genialidad. Veamos el ejemplo de la mayor empresa de maquinaria para la producción de circuito integrados, la holandesa ASML Holding N.V., que recibió fondos públicos desde su creación en 1984[12]. Hoy tiene unos ingresos de 11.000 millones de euros, más de 23 mil empleados y domina el 80% de la cuota de mercado. Su historia, contada por la propia compañía, cumple con todos los requisitos literarios: «fue una cuestión de trabajo duro, sudor y determinación pura contra probabilidades casi insuperables (…) Es una historia de individuos que juntos alcanzaron la grandeza», se lee en la propia web de ASML. Pero más adelante, admite que los fondos públicos recibidos tras la crisis de 1986 permitieron a la empresa ser lo que es hoy: «*los competidores que habían sobrevivido a la crisis ya no tenían fondos suficientes para desarrollar».* En las casi 700 páginas de la biografía de Steve Jobs de Walter Isaacson no se menciona ni una vez la importancia de la inversión pública para hacer posible el iPhone. Preferimos la «Teoría del Gran Hombre». Esta nos dice que los avances históricos se explican por el impacto de héroes e individuos altamente influyentes que, gracias a su carisma personal, inteligencia o dotes políticas, tuvieron un impacto histórico decisivo. Fue popularizada por el autor escocés Thomas Carlyle. Pero, como Herbert Spencer apuntó en su crítica unos años más tarde, los llamados grandes hombres son, en realidad, productos de sus sociedades, y las acciones de estos no serían posibles sin las condiciones sociales que los precedieron.

Propiedad intelectual

La innovación es un cambio que introduce novedades. Se refiere a modificar elementos ya existentes con el fin de mejorarlos o renovarlos. En términos generales, innovar es conseguir un fin a través del conocimiento, siguiendo un camino que no se había seguido previamente. Esto quiere decir todo y nada. ¿A partir de cuándo lo consideramos novedad? ¿Si es nuevo para mí es innovación, o necesita ser nuevo para toda la humanidad? ¿Cuánto conocimiento es necesario aportar? En innovación el contexto es importante. Cualquier aplicación de conocimiento que hagamos con el objetivo de lograr algo nuevo, y supuestamente mejor, se puede considerar innovación. Pero la radicalidad, es decir, cuán novedoso es respecto al *statu quo*; y el perímetro, o sea, si es nuevo para nosotros o para la sociedad, son importantes.

La innovación más radical, la que nos diferencia de todos los demás, se suele proteger, para lo cual hay unas reglas. Se conceden patentes sobre invenciones de cualquier sector, desde una máquina lavadora a un avanzado chip de nanotecnología, tanto productos físicos como procesos. A veces un producto lo comprenden varias invenciones, como suele pasar en los aparatos informáticos o de tecnología avanzada. Vale la pena echar mano de las definiciones necesarias para que una invención sea considerada patentable.

El *Tratado de cooperación en materia de patentes* (PCT), lo más cercano que existe a una «patente internacional», permite proteger una invención en varios países al mismo tiempo. Cita cinco requisitos: novedad, actividad inventiva, aplicabilidad industrial, descripción suficiente del invento, y que sea material protegible. Los dos últimos son aspectos formales. La invención debe detallarse para ser reproducida por un experto, y las leyes deben permitir protegerla. Aquí entran factores ético-morales: no es posible patentar ciertos métodos terapéuticos y de diagnóstico, aunque también cosas inocuas, como el código fuente del *software*, que no se permite patentar en Europa si no es en combinación con algún tipo de complemento físico.

Concentrémonos en las tres primeras, que son las que nos responden a la pregunta: «¿qué entendemos por nuevo?».

1) **Novedad mundial** significa que no esté comprendida en el estado de la técnica actual, en todo el planeta. Es decir: que no se conozca, que no haya sido publicada o divulgada previamente. Para asegurarse de esto, la oficina de patentes correspondiente realiza una búsqueda durante el proceso de aceptación de la patente. Si existe algún documento escrito público previo a la presentación de la solicitud describiendo la invención, esta no se considerará novedosa. Hablar de tu invento en tu blog puede desbaratar sus posibilidades de ser protegido.

2) **Actividad inventiva o no obviedad** evita proteger invenciones cuya construcción sea obvia a partir de lo que ha sido publicado, aunque la configuración final no haya sido divulgada previamente. El examinador llega a considerar que algo es evidente combinando distintas publicaciones que describen cada parte del conjunto. De este modo, no podríamos patentar una «silla pintada de azul turquesa», aunque no hubiese sido descrita antes, porque se compone de dos partes conocidas y de simple unión: una silla y una pintura azul turquesa. Sin embargo, todas las invenciones son infinitas combinaciones de cosas que preexistían: la bombilla es una combinación de argón inerte encerrado en vidrio trabajado, en donde se introduce un filamento de wolframio y

al que se le inyecta electricidad para calentarlo. Todo estaba disponible en la época. Todo tuvo que ser inventado o descubierto previamente, pero nadie supo combinarlos antes. Es habitual que muchos inventores trabajen en paralelo en lo mismo y acaben llegando a la misma «actividad inventiva». A este fenómeno se le conoce como «descubrimiento múltiple» o «simultáneo».

3) **Aplicabilidad industrial** quiere decir que la invención sea útil de alguna manera. Esto también es algo subjetivo. «Industrial» toma un significado amplio, refiriéndose a cualquier actividad física de carácter técnico. Sin embargo, existen patentes de lo más variopintas y curiosas: un «dispositivo para saludar» que levanta automáticamente el sombrero mientras vas paseando, patentado por James Boyle en 1896, o unas «gafas de sol para gallinas», patentadas en 1903 por Andrew Jackson.

Si prestamos atención, mucho de lo que habitualmente llamamos «innovación» no se trata de «objetos patentables». Tal vez, ninguna de las innovaciones que planeemos implantar en nuestras empresas lo sería, a menos que trabajemos en un centro de investigación o universidad. Viceversa, se protegen cosas que nunca pensaríamos que son patentables o que no nos resultan tan innovadoras a primera vista. Los modelos de utilidad protegen nuevos usos o funcionamientos de un objeto o configuración. También las nuevas formas de fabricarlos. Son también la única forma de proteger modelos de negocio, o partes del mismo. Por ejemplo, el método de pedido de Amazon *one-click* está patentado. Las cuestiones estéticas también son protegibles mediante «derechos de diseño industrial». El clásico diseño de la botella de Coca-Cola está protegido. La famosa disputa de patentes entre Samsung y Apple se fundamentó en el diseño externo y cosmético de los teléfonos.

Cuando inventamos algo, lo más frecuente ha sido intentar patentarlo. Una patente es un derecho de explotación territorial en exclusiva para su inventor, por un periodo limitado, que suele ser de veinte años contados a partir de la fecha de presentación de la solicitud. En el caso de patentes de diseño industrial y modelo de utilidad esta cifra varía dependiendo el país, normalmente diez años. Proteger es una idea intuitiva en el contexto capitalista actual, en el que el progreso se relaciona siempre con un beneficio económico, aunque no tanto en el contexto histórico de la humanidad, como vimos en el primer capítulo. Casi todas las leyes de patentes tienen apenas dos siglos, a pesar de que se suele citar el Estatuto de Venecia de 1474 como pionero. Son derechos geográficos, solo tienen validez en el país o la región en los que se ha presentado la solicitud y se ha concedido la patente, de conformidad con la normativa local. A lo largo de diferentes etapas estrictamente demarcadas, es posible ir ampliando los lugares en donde solicito mi patente, aumentando el pago de tasas, hasta que ya no puedo volver atrás. En realidad, una patente es un caso de negocio. Un compromiso entre los elevados costes de su preparación y manutención y el beneficio que obtendrá la explotación exclusiva en esos territorios.

También es una herramienta estratégica para las empresas. Existen patentes llamadas «ofensivas» y «defensivas». Algunas empresas las registran y guardan, por si un día algún competidor pueda demandarla. Entonces buscará en su portafolio formas de contraatacar, situación que termina normalmente en un cruce de licencias. Este intercambio de propiedad intelectual entre grandes empresas es una maraña tan intrincada como la deuda externa entre países. El antiguo presidente de Sun Microsystems, Jonathan Schwartz, narra en su blog[13] sus peleas con Bill Gates y Steve Jobs —a quien llama «troll de las patentes»—. Los «trolls de patentes» son empresas improductivas que se dedican a acumular patentes y obtener ingresos por royalties y demandas. En el título de su post, Schwartz parafrasea una famosa cita atribuida tanto a Picasso como a Faulkner y T.S. Elliot: *«los buenos artistas copian, los geniales roban»*.

¿Son beneficiosas las patentes? La discusión sobre su bondad o maldad es antigua. Es paradigmático el caso de China, con crecimiento en dobles dígitos desde hace décadas y sin un sistema respetuoso hacia las patentes. Los defensores suelen apelar a la necesidad moral de premiar al inventor por su esfuerzo, lo cual ha dejado de ser estrictamente cierto hace décadas. Hoy en día las patentes deben citar a sus inventores, pero los propietarios suelen ser las empresas que hacen frente a los costes y los que se benefician de ellas. Parece claro que la importancia de las patentes varía entre industrias: no es lo mismo en el caso de las farmacéuticas o las químicas que las productoras agrícolas, por ejemplo. Recientemente se ha reavivado la discusión sobre su valor social, particularmente con la concesión del Nobel de Economía de 2014 a Jean Tirol, autor del libro *Economía para el bien común*. Tirole explicó en su conferencia magistral los problemas del apilado de regalías:

> «En biotecnología y software, las tecnologías a menudo están protegidas por una multiplicidad de patentes de diversa importancia y propiedad. Este «matorral de patentes» es propicio para el «apilamiento de regalías». [...] puede ser útil usar una analogía y regresar a la Edad Media en Europa, cuando el tránsito fluvial se vio obstaculizado por una multiplicidad de peajes. Por ejemplo, había 64 peajes en el río Rin en el siglo XIV. Cada cobrador de peajes fijaba el suyo para maximizar sus ingresos, ajeno a lo que esto significaba no solo para el usuarios sino también para otros cobradores de peaje. Europa tuvo que esperar hasta el Congreso de Viena en 1815 y legislaciones posteriores para ver la eliminación del peaje. Actualmente, las tecnologías punta están experimentando una evolución hacia precios más asequibles, similar a la del tráfico fluvial en el siglo XIX. Se han establecido nuevas pautas para fomentar la comercialización conjunta de la propiedad intelectual a través de grupos de patentes. Los grupos de patentes reducen el precio general de las licencias de patentes complementarias, lo que beneficia tanto a los propietarios de propiedad intelectual como a la tecnología usuarios».

La revista Forbes se preguntaba hace poco si, más allá de su beneficio o daño, las patentes realmente tienen sentido: el 97% de ellas nunca recupera el coste invertido y el 50% no termina su ciclo completo, ya que sus dueños declinan seguir pagando[14]. Pareciera que las mismas fuerzas digitales que hunden a gigantes bajo el yugo de minúsculas *startups* están empezando a experimentarse en las patentes. Los productos promedio duran 18 meses en el mercado, ¿vale la pena proteger eso? Además, defender la propiedad intelectual de ideas complejas requiere toda una fortificación empapelada de patentes, pues son muchos las partes que deben protegerse. Aunque cita algunos casos de utilidad, la conclusión del artículo de Forbes parece ser clara: «*sé original, continúa innovando y no confíes en las patentes para protegerte*».

Las patentes son una herramienta empresarial y no siempre meritocráticas respecto a los inventores. La primera bicicleta la construye Kirkpatrick MacMillan en 1839. Sin embargo, quien la patenta es Gavin Dalzell, a quien se le atribuyó la invención durante muchos años. Alexander Graham Bell consiguió la patente del teléfono en 1876, pero cinco años antes Antonio Meucci había realizado una demostración pública del mismo, y diez antes que Meucci, Johan Philipp Reis en Alemania. Y Reis usó las instrucciones que siete años antes Charles Bourseul, había publicado en un artículo de *L'Illustration*, en París. La primera patente del teléfono fue concedida a Graham Bell después de un litigio, pues exactamente el mismo día, el 14 de febrero de 1876, Elisha Grey había presentado otra patente para la misma invención.

También las patentes han alimentado uno de los mayores mitos relacionados con la innovación: el del genio huraño que cambia el mundo con una epifanía brillante, la protege y se vuelve millonario. La famosa rivalidad entre Thomas Edison y Nikola Tesla en cierto modo secunda esto: ambos se volvieron millonarios, y solo Tesla se arruinó posteriormente.

Cuando investigan en colaboración, los consorcios suelen proteger su propiedad intelectual. Tienen dinero. Pero a menudo las empresas que adoptan innovación abierta son realistas respecto a las patentes. Si consigues ser el líder de un mercado que tiene una excelente distribución y relaciones fuertes y duraderas con proveedores y canales de distribución minoristas, ¿qué te importa? Perseguir a tus imitadores es costoso, por no mencionar imposible y siempre se encontrará una forma de imitarlo bordeando la patente. Solo hay una cosa que no puede imitarse: ser siempre el primero en lanzar algo. Se trata de vender, no de protección. Ser el primero en comercializar es una forma de protección mucho mejor que una patente. Las patentes son para todos, pero no todos las necesitan.

Capturando información: algunas herramientas

Aparquemos por algunas páginas la discusión sobre innovación de base y volvamos a un concepto, íntimamente relacionado, que ya tocamos durante las primeras páginas: la transformación digital. Hemos mencionado que la transformación digital es un proceso de metamorfosis profunda de una organización. Se apalanca en las tecnologías explicadas en la primera sección, todas sustentadas por el paso de la información a formato digital. Pero consiste sobre todo en romper con las formas de trabajo provenientes del siglo pasado. Por consiguiente, trata mucho más de estrategia, de tomar ciertas decisiones, de adoptar una filosofía concreta que permée a la cultura empresarial, que de algo que una tecnología pueda arreglar sola. Es útil, sin embargo, hacer un repaso breve por algunas de los utensilios más comunes a la hora de digitalizar una operación, y que cualquier organización debería estar utilizando. Recordemos que toda innovación pasa por entender lo que está ocurriendo a nuestro alrededor, para lo cual todo debe quedar registrado digitalmente.

Si existen familias de herramientas es porque todos, independientemente a lo que nos dediquemos, acabamos realizando tareas similares. Es imprescindible entender los trazos que compartimos para ser conscientes de dónde estamos fallando.

Comencemos por lo básico: producimos información. Ya sea en forma de libros, revistas, cartas, formularios, manuscritos, notas personales, facturas, registros de oficina, fotografías, etc. El hecho es que todo el mundo genera datos y tiene la posibilidad de sacarles partido. Pero de igual forma que hablamos coloquialmente de colesterol bueno y el malo, existen los bits buenos y los bits malos. No basta con digitalizar. Si no tenemos la información adecuadamente estructurada y almacenada, poco podremos hacer al respecto. Los sistemas de gestión documental (SGD o DMS en inglés) son el primer paso para esto: ayudan a almacenar, gestionar y hacer un seguimiento de la documentación que se ha transformado de un formato físico a uno electrónico. Son el punto de partida para las empresas de digitalización incipiente. Hablamos por el momento de documentos: ofertas, contratos; videos o carteles si somos una empresa publicitaria. Como resultado de implantar un SGD es posible acceder a cualquier tipo de documentación al instante y mantener la pista de lo que ocurre con ella. Incluso, si lo combinamos con un sistema en la nube —como veremos más adelante— es fácil distribuir los contenidos en cualquier parte del mundo.

Un ejemplo conocido de lo que es un SGD en la nube es Google Docs: una «carpeta de Windows» a la que acceder desde nuestro explorador y que nos permite realizar algunas acciones sobre los documentos. A través del correo electrónico es factible distribuir archivos de MS Word, Power Point o Excel, por ejemplo. Dropbox es igualmente ideal para compartir y almacenar. Se trata ambos de ejemplos básicos, porque aunque actúan de «repositorios de información digital», es decir, «baúles» en donde es posible colocar nuestros archivos. La lógica adicional que implementan es poca. Lo que diferencia a un buen SGD y nos es realmente útil es el abanico de acciones que se nos ofrecen sobre ese «baúl»: saber quién ha accedido, cuándo, generar permisos, tener trazabilidad de versiones de distintos documentos, etc. Ejemplos de herramientas más evolucionadas incluyen Custom Show, Clear Slide o Zoho Docs. Otras empresas necesitan soluciones a medida, como las que manejan documentos con formato específico. Por ejemplo, las empresas de ingeniería o estudios de arquitectura, que cuentan con documentos que suelen pasar por varios canales de aprobación, revisiones técnicas y que necesitan ser firmados en cada paso. O los departamentos de servicios legales, que manejan documentos sensibles en su cadena de custodia o requieren encontrar información en documentos enormes de centenares de páginas. Para ellas, Google Docs no basta. Precisan soluciones que suelen incorporar funcionalidades adicionales que las convierten en herramientas útiles más allá de ser «carpetas de Windows muy caras»: reconocimiento de códigos de barra, de texto a través de escaneo OCR, indexado automático, integración con los directorios activos para regular el acceso, etc.

Precisamente respecto a la seguridad del acceso, una tecnología que se está abriendo paso rápidamente son los patrones biométricos. Es imprescindible pasar del mundo de las documentaciones físicas a las versiones digitalizadas de las mismas. Sin embargo, estos avances también aumentan el temor a la inseguridad. Por ejemplo, estamos acostumbrados a firmar contratos de papel. La biometría captura las características biológicas únicas de un individuo: patrones del iris y la retina, minucias de las huellas dactilares, ondas de voz, la geometría del lóbulo de la oreja, de la cara, de la mano. O nuestro gesto a la hora de firmar. No nuestra firma sin más, sino nuestro *gesto*: existen sistemas que capturan la firmeza y los diferentes patrones de presión que ejercemos al realizar nuestra firma —empezamos débiles y terminamos presionando mucho el papel, por ejemplo—. También es factible analizar el ADN, aunque por cuestiones obvias, esto no lo veremos en los contextos comerciales por ahora. Cada vez hallaremos más establecimientos donde firmaremos con nuestra huella los contratos de compra, donde nos identificaremos mirando a una cámara o donde no hará falta responder a preguntas personales durante una llamada al servicio a cliente, pues un sistema irá reconociendo nuestra voz mientras estamos saludando al agente. En lo que se refiere a los sistemas de gestión interna, empezaremos a ver cada vez más patrones dactilares y faciales para poder acceder a los documentos.

Tener documentos como contratos o pedidos en formato digital es un primer paso importante, pero no es suficiente. Dos herramientas que frecuentemente se confunden nos ayudan a profundizar más: ERP y CRM. ERP son las siglas de *Enterprise Resource Planning*, o «planificador de los recursos de la empresa». La idea es tener toda la información operativa relevante en formato digital y estructurado, para mejorar la eficacia de los procesos de negocio mediante el intercambio de esta información. Ya no hablamos de documentos, estamos hablando de datos que se pueden combinar, manipular o mostrar. Datos que expresan lo que hacemos a diario y cómo lo hacemos. Cuando todo este conocimiento se une, nos proporciona una imagen completa de lo que está sucediendo dentro de la organización. Si hay un problema en un área, sus efectos se hacen visibles también en otras áreas. Este tipo de resaltado de los datos insta a los distintos departamentos a comenzar a trabajar sobre el tema en cuestión y tomar medidas preventivas. A su vez, hay una mayor racionalización de los procesos institucionales. Las organizaciones que no cuentan con un ERP suelen ser caóticas. Desconocen o les cuesta calcular cuestiones básicas de sus operaciones monetarias. ¿Cuánto debe pagar la organización a los proveedores? ¿Cuánto deben recibir de los diferentes departamentos? Los cierres contables son infinitos. Algunos módulos se encargan en cambio de aspectos comerciales: la gestión de inventarios, productos, transporte a almacenes y compras. Y otros de los recursos humanos, la planificación y la producción. Con todo esto, la dirección recibe informes cada mes, trimestre y año y toma decisiones. ¿Ejemplos? La suite de SAP, Oracle Net Suite o Microsoft Dynamics.

Por el contrario, el *software* CRM, «gestor de la relación con el cliente», ofrece funciones de marketing general, lanzamiento de campañas en línea y distribución de correos electrónicos. Existen módulos para gestionar ventas, pedidos, redes sociales, centros de llamadas y quejas. El *software* ayuda en la gestión de clientes potenciales, así como en programas de fidelización. Finalmente, observa las tendencias de compra, de manera que pueda analizarlas más tarde. Permiten reunir, compartir y categorizar las interacciones con los clientes incluso antes de que se conviertan en clientes, de modo que a los ejecutivos comerciales les resulta fácil proyectar las ventas futuras. El departamento logístico puede verificar las direcciones de entrega, mientras que el departamento de facturación presenta facturas correctas. Salesforce es, quizás, la herramienta más popular de esta familia.

Los ERP suelen ser confundidos a menudo con los sistemas CRM. Son parecidos en el sentido de que registran y analizan información sobre lo que pasa en la organización. Una regla nemotécnica es pensar que ERP es el orquestador de los datos «hacia dentro» mientras que el CRM lo es «hacia fuera». Ambos son útiles y pertinentes, pero si se debe elegir entre ambos, ayuda que el dueño de un negocio se haga la pregunta: ¿se requiere un aumento en las ventas o una mayor eficiencia en el área de operaciones? La respuesta debería aclarar las dudas. Si el propietario de la empresa desea deshacerse de la madeja de aplicaciones legadas o no integradas, entonces debe intervenir el ERP, que ayudará a ordenar los procesos. Alternativamente, si la idea es centrarse en el marketing y atraer más tráfico de clientes, el CRM debería ayudar. Algunas soluciones, como Microsoft Dynamics, ofrecen paquetes con ambas herramientas integradas.

Estos tres sistemas nos ayudan a poner orden en casa: tener nuestros documentos digitalizados (DMS) y ordenados adecuadamente; registrar y poder extraer en cada momento la información más relevante de nuestra operación (ERP); y manejar nuestra relación con el cliente (CMS). Veamos ahora lo que ocurre fuera de casa.

El ascenso del comercio electrónico en todas las industrias es imparable. Al comenzar el año 2010, suponía el 4.2% de las ventas totales minoristas en los Estados Unidos. En una década esa cifra se ha triplicado. En España ese indicador se mantiene por debajo del 10% y en América Latina apenas alcanza el 3%-4% en la mayor parte de países, liderados por Brasil y México[15]. La oportunidad para ganar cuota de mercado es, por tanto, colosal.

Las razones son suficientemente transparentes. Cada vez más consumidores optan por servicios digitalizados en todo el mundo, cada vez la penetración es mayor, cada vez el miedo menor. También el ámbito del negocio entre empresas (B2B) se va adaptando más a hacer negocios en línea.

Existen plataformas de comercio electrónico para todos los gustos y necesidades. Shopify tiene la ventaja de ser adecuado tanto para individuos como para empresas de casi todos los tamaños. ¿No sabes nada de programar páginas web, menos aún una tienda en línea? No importa, no se requiere ningún conocimiento de codificación. Aunque la interfaz administrativa sólo conoce el idioma inglés, es posible adaptar todos los aspectos a otros idiomas, como el pago, el correo electrónico, etc. Shopify pone a disposición herramientas profesionales para todo el mundo: pasarelas de pago, optimización para buscadores y un inacabable elenco de aplicaciones para cualquier funcionalidad imaginable. ¿Cómo lo han logrado? Adivinaste: abrieron su plataforma a desarrollos de terceros. Ahora son también una plataforma que conecta dueños de tiendas en línea y desarrolladores de *software* especializados en comercio electrónico.

Shopify se queda —por ahora— algo corto para las empresas más grandes, con potencialmente miles de transacciones diarias. Pero BigCommerce va de la mano con Shopify en muchos aspectos. Es sencillo, apto para todos los establecimientos de cualquier tamaño, con *temas* —plantillas prefabricadas— gloriosamente centrados en el comprador y personalizables, muchos de los cuales desarrollados —de nuevo la plataforma— por terceros. A pesar de esto, posee características avanzadas y una robustez que lo hace líder entre las empresas más grandes.

Magento es también una buena opción para empresas de gran tamaño. Sin embargo, su uso es más técnico. Son esenciales aquí conocimientos en programación para poder manipular adecuadamente la plataforma y adaptarla a lo que necesitamos, aunque también ofrece plantillas, *widgets* y otros complementos. Para grandes empresas con fondos suficientes, no les debería resultar difícil contratar a desarrolladores de Magento para crear tiendas en línea totalmente personalizadas.

Hablemos de algunas tendencias en el mundo del comercio electrónico a tener en cuenta. En primer lugar, el ascenso imparable del uso del teléfono móvil como primera herramienta de acceso a internet, por encima de los ordenadores personales. En la mayor parte de países, la inclinación de la balanza a favor del uso móvil respecto a los ordenadores ocurrió en algún momento entre 2015 y 2016. En algunos incluso antes, como en la India, a mediados de 2012[16]. Esto obliga a los desarrolladores de tiendas en línea a adoptar una filosofía *mobile first*: pensar primero en los usuarios móviles. Y el siguiente paso será la compra por voz, apoyándose tanto en los asistentes virtuales propios de operadores y fabricantes de teléfonos, como Siri en el caso de Apple, o asistentes que paulatinamente irán desarrollando las propias tiendas. Las herramientas de inteligencia artificial y realidad aumentada cobrarán mucho más peso. Tras su puesta en escena, el panorama de la venta y la compra en línea cambiará radicalmente en el futuro próximo.

Por otra parte, aumentará la importancia de las redes sociales como excelentes anunciantes de servicios y productos. Facebook, Instagram, Pinterest y nuevos participantes ya se han convertido en plataformas visibles para varias marcas y lo seguirán siendo cada vez más. Estos sitios web son la nueva televisión: los usuarios de internet consumen dos horas y media diarias, según una encuesta realizada en 31 países[17]. Los que eran menores de 24 años en 2019, próxima generación consumidora, más de 3 horas.

Y esto nos lleva al último tipo de herramienta que veremos: la automatización del *marketing*. El mercado en línea nunca es estático, por lo que una organización tiene que mantenerse al tanto de las volátiles tendencias actuales, si ha de sobrevivir en el competitivo escenario del comercio global. No hay tiempo para hacerse cargo de todos los aspectos del negocio manualmente si queremos a la vez invertir esfuerzo en adaptar nuestra venta en línea. El *marketing* para negocios online es un planeta inexplorado y extraño para todo aquel que haya estudiado mercadeo hace más de una década.

Diversos programas de *software* saltan al campo para hacerse cargo de estas actividades, generalmente de carácter repetitivo. Ejemplos: la publicación de contenido relevante en redes sociales —como MeetEdgar o HootSuite—, envío de correos electrónicos automatizados y personalizados a los consumidores —como MailChimp— o el inicio de campañas publicitarias —como HubSpot, que es un verdadero CRM adaptado al mundo en línea—. Estas herramientas son altamente eficaces y rápidas. Si un negocio las utiliza de forma inteligente, son suficientes para convertir a los clientes potenciales en clientes habituales sin necesidad de intervención humana. Y ahorrando tiempo. Los clientes que realizan compras fuera de línea se enfrentan a todo tipo de experiencias. Algunas son deliciosas y otras francamente horribles. Pueden optar por continuar con el mismo vendedor o simplemente decidir evitar la tienda en cuestión para siempre. La oportunidad es tan grande como el riesgo de no hacer las cosas bien.

Tropezar cien veces en la misma piedra

En julio del año 2000, Florentino Pérez ganaba por primera vez las elecciones a presidente del Real Madrid. Su promesa electoral estrella era fichar a Luis Figo, que por entonces jugaba en su eterno rival, el FC Barcelona. Dicho y hecho, el Real Madrid se convirtió en aquel verano en el club que más dinero había pagado nunca por un jugador de fútbol, firmando un cheque de 60 millones de euros. Un año después volvió a superar el listón pagando 74 por Zinedine Zidane. Al año siguiente sería Ronaldo Nazário, y en el año 2003, David Beckham. En aquel momento se especulaba sobre las fuertes inversiones en jugadores del nuevo presidente. Se hicieron famosas unas declaraciones en las que comparaba a los jugadores de fútbol con máquinas productivas —Florentino era además presidente de la constructora ACS—. *«Cuando compro una máquina, calculo cuál es el retorno que me va a dar. Igual con mis jugadores. Tanto me cuestan, tanto retornan. Se amortizan con la venta de camisetas».* Se cacareó mucho al respecto. El presidente del Barcelona, Rosell, declaró que era imposible amortizar el coste de un jugador con la venta de camisetas. Fuera posible o no, lo cierto es que por primera vez se justificaba el fichaje de jugadores de fútbol con un caso de negocio financiero. Para el Real Madrid, o por lo menos para su presidente, el asunto era sencillo: invertiré esta cantidad de dinero y recibiré esta a cambio.

Desgraciadamente, las cosas no son tan sencillas en el mundo de la innovación. Tomemos el caso específico de la adopción de la inteligencia artificial, de la que hablaremos más adelante en detalle. Existe un estudio[18] muy interesante del MIT Sloan Management Review y el Boston Consulting Group sobre un universo de 2.500 ejecutivos de empresas anglosajonas, principalmente estadounidenses, publicado en octubre de 2019. El 40% de las empresas que reportaba inversiones importantes en inteligencia artificial todavía no habían visto retornos a esa inversión.

Se aprecia una marcada diferencia entre las estrategias de adopción ganadoras y perdedoras. Como te estabas imaginando, tiene que ver con todo menos con la tecnología. Para ser justos, existe un componente tecnológico, pero como mínimo se combina con uno estratégico y otro cultural. Están las empresas que tienen una visión enfocada en la tecnología, que ven la inteligencia artificial como un salvavidas que vendrá a resolver su maltrecho embudo de ventas, sin pararse previamente a analizar dicho embudo. También están aquellas donde el CIO toma ciertas decisiones de compras para «digitalizar por digitalizar», sin tener en cuenta las necesidades comerciales ni un caso de negocio —necesario pero no suficiente— hecho por los propios departamentos, se llamen Producto, Operación o Ventas. Por último están las antípodas a las anteriores, las que esperan ver un retorno impresionante con una certidumbre absoluta. Estas últimas acostumbran a ser las más comunes. Todas suelen fracasar.

Poco importa que nos refiramos a la inteligencia artificial, a una herramienta para mejorar el SEO y las campañas de marketing digital, o a la implantación de un grupo de investigación para inteligencia de mercado. Aunque no lo parezca, los cimientos del éxito son los mismos. KPMG realizó un estudio sobre 400 ejecutivos y encontró situaciones similares:

> *«Comenzar una transformación digital mediante grandes y costosas actividades de reemplazo de sistemas legados es comenzar desde el lugar equivocado. Se gastará demasiado dinero y recursos humanos. La transformación digital requiere un cambio en los procesos comerciales para respaldar la tecnología. Las políticas, los procedimientos y, a menudo, los recursos de talento deberán cambiar. Todo este cambio prolongado en un enfoque de primera tecnología se convertirá en un obstáculo y arrastrará el progreso hacia atrás. El mejor enfoque es comenzar por comprender cómo debe cambiar la empresa para brindar mejores experiencias a los clientes y empleados y luego enfocarse en implementar tecnologías que entreguen una parte de ese valor desde el principio. Concéntrate en un sprint para implementar un proyecto más pequeño habilitado con tecnología que entregue rápidamente un valor medible a los clientes. A partir de entonces, adopte un enfoque iterativo y pase al siguiente proyecto de valor agregado».*

Es mejor empezar desde lo pequeño y asegurarse que no se encontrará resistencia desde la primera etapa. Los cambios en *big bang* suelen encontrarse este tipo de barreras. La mayor parte de las ideas que se proponen en las empresas pasan por el filtro de la ventana de Overton. La ventana de Overton es una teoría política que limita a un rango estrecho las ideas que el público receptor —en este caso podría ser un Comité de Dirección— encuentra aceptable. Antes de aventurarse a sacar a colación ninguna propuesta, la visión de la organización debe ser clara. Iterar sin objetivo es como un barco sin timón.

¿Está claro hacia dónde vamos? En organizaciones lo suficientemente grandes, si el CEO no es el principal sponsor, mejor dejar la transformación para otro día. ¿Está el CEO subido a bordo? En las pequeñas, debe existir un plan. La misión y el objetivo de una empresa no cambian en el largo plazo, al menos no deberían. La estrategia es el conjunto de elecciones que se toman según los cambios de contexto y entorno. Los planes y la táctica son en cambio flexibles, iterativos y adaptativos. ¿Existe una estrategia basada en la visión y un conjunto de tácticas o planes que deshebren esa visión y la filtren a través de las diferentes áreas?

Las mejoras prácticas aconsejan empezar con las necesidades del cliente, usar datos, enfocarse en hacer menos pero mejor, aplicar conceptos ágiles para iterar desde lo básico, sin errores, pensando en la sencillez, y asociarse para compartir conocimiento. ¿Conocemos a nuestro cliente, hablamos con él, entendemos lo que necesita? Solo tras tener clara la respuesta a estas preguntas, podemos adentrarnos en la vorágine tecnológica.

Lejos de esplendores, las razones por las que la transformación digital falla en las organizaciones tradicionales suelen ser más bien vulgares. En términos generales, el factor humano, las agendas personales de los ejecutivos, el miedo, la pereza y otros pecados capitales suelen ser mucho más habituales que sofisticados errores de cálculo a la hora de elegir e implantar soluciones tecnológicas punteras. Muchos jóvenes recién egresados se asombran de la falta de sentido común en la forma en que las organizaciones se operan en el detalle hoy en día, hasta que ellos mismos se acaban adaptando. Otros se desilusionan rápidamente, constatan que eso no es nada parecido a lo que se habían imaginado de empresas de renombre mundial y cada vez con más frecuencia buscan cobijo en proyectos pequeños pero dinámicos y desafiantes, probando cosas diferentes. Esto les ha valido para ganarse fama entre las generaciones previas de caprichosos, difíciles de gestionar, narcisistas y un rosario inacabable de adjetivos peyorativos. Quizás una parte sea verdad y las últimas generaciones hayan sido víctimas de una educación deficiente, la influencia de una tecnología omnipresente y de gratificación inmediata que sus padres no entienden. Quizá también sea hora de que las generaciones anteriores se miren al espejo.

Sufrimos una explosión de mal liderazgo en el mundo. No de personas incapaces, sino de liderazgo mal entendido. Comprender y aceptar el concepto y la visión para la transformación no es lo mismo que comprometerse a hacer lo necesario para tener éxito. Los líderes de la compañía pueden tener una estupenda reunión y hablar sobre la necesidad de un cambio. Pueden leer mil libros mejores que este, contratar decenas de agencias y consultoras. Pero si no se comprometen con un cambio hondo, necesario para lograr la visión y la intención estratégica, la iniciativa fracasará. Y, de hecho, fracasa en el 70% de las ocasiones[19]. Debemos entender que nuestra educación, la que aplicamos en el ámbito laboral, es la misma que no sirve: el foco cada vez más en el corto plazo, la excesiva jerarquía, la falta de compresión de lo que viene. En Estados Unidos, el 58% de los gerentes no ha recibido formación gerencial[20]. Es de esperar que en otros países la cifra sea superior. El 89% de ellos creen que la gente abandona la empresa por más dinero[21]. En realidad, solo el 12% lo hace. El 53% es infeliz en el trabajo[22]. Triste, ¿verdad?

Fundar una fábrica de innovación

6

*«Si quisieras hacer una tarta de manzana desde cero, tendrías
primero que inventar el universo»*
—Carl Sagan, 1934-1996

El día en que lo nombraron jefe de mecánicos de la Scuderia Ferrari, Joan Villadelprat se topó con un panorama funesto. Los italianos, bohemios de la mecánica, aplicaban la misma filosofía artística a sus vidas que a la construcción de sus Fórmula 1. Era 1987, octavo año de Ferrari sin ganar el mundial de pilotos. Y, a pesar de Villadelprat, tardarían otros trece en volver a hacerlo.

Pese a su juventud, treintañero escaso, el barcelonés llevaba seis temporadas como seis apisonadoras en la máxima competición del automovilismo. Había transitado por dos escuderías inglesas, Tyrell y McLaren, que le enseñaron algo fundamental: sistematizar la construcción de sus coches. En Ferrari, los Fórmula 1 se montaban y desmontaban en el momento, en cada Gran Premio y en cada práctica. Todos distintos. La primera misión de Villadelprat fue conseguir que sus mecánicos fabricasen de cada vez dos coches iguales, cosa impensable en Maranello. Aplicó su disciplinada experiencia británica hasta obtener un método repetible.

En la temporada anterior a la llegada de Villadelprat, Ferrari terminó el año noveno con Michele Alboreto, cuya mejor clasificación en un Gran Premio había sido un cuarto puesto, abandonando nueve veces. En la siguiente, Berger, su mejor piloto, terminó el campeonato quinto, aunque también con nueve abandonos. Luego acabó tercero, solo por detrás de los inalcanzables Senna y Prost, con una victoria, primera en años, y tan solo cinco abandonos. Y en su último año, Nigel Mansell finalizó cuarto con dos victorias.

A pesar de no lograrlo con Ferrari, Villadelprat pudo acumular a lo largo de su carrera cinco campeonatos del mundo de pilotos y tres de constructores. Dos de ellos obtenidos, en sus palabras, con «*el equipo de una empresa de jerséis con un presupuesto ridículo*». Se refería a Benetton, que ganó el mundial de pilotos con Michael Schumacher al volante.

Innovar con método tiene sentido. A lo largo de las próximas páginas estudiaremos maneras de «poner orden» en nuestra forma de «construir Fórmulas 1». Alicia le preguntó al gato de Cheshire qué camino debía tomar. Este le respondió: «*eso depende de adónde quieras llegar*». Como a Alicia no le importaba mucho, el gato confirmó: «*entonces da igual hacia dónde vayas*». Nuestros tipos de innovación deben ir acompañados por sus respectivos objetivos y alineados con la visión y estrategia generales de la compañía. Si no somos capaces de esto, tenemos un problema. También deberemos ligarlos con los objetivos operacionales de cada grupo o unidad de negocio. Cuatro herramientas que veremos nos serán muy útiles aquí:

1) Una **taxonomía inequívoca de ideas** que se nos vayan ocurriendo, es decir, una forma de clasificarlas que todo el mundo sea capaz de aplicar sin mucha dificultad.

2) Un *blueprint* o **mapa de procesos** que nos permita descubrir puntos débiles en nuestros contactos con el cliente, desde lo general a nivel de *customer journey*[1]. Analizándolo podemos obtener un **análisis de los puntos de dolor** o *pain points* de la compañía, para ligarlos a distintas iniciativas.

3) Un **sistema organizado de asignación de objetivos**, desde los empresariales hasta los individuales, pasando por los de cada departamento. Más adelante hablaremos de OKR para discutir una propuesta concreta al respecto. Los OKR son un método de gestión de objetivos especialmente útil porque obliga a transparentar estos objetivos a todos los niveles. Más allá de definirlos, las organizaciones deben también trabajar en compartirlos y comunicarlos.

4) Unas **reglas de filtrado** serán también útiles: qué haremos; qué definitivamente **no** haremos —la más importante—; y qué podemos tomar en consideración y discutir internamente.

Hacer todo esto no es tarea fácil, pero es el inicio hacia un sistema y cultura de innovación bien formados y alineado a lo que queremos como organización.

Clasificar las ideas

¿Cómo se tienen nuevas ideas? Muchos autores se han lanzado a la búsqueda de un método común, del mismo modo que los filósofos persiguieron una ética universal. Es probable que existan factores estables a la hora de ser creativos. Tras cada nueva publicación científica, cada nuevo producto en el mercado, tanto colegas como competidores exclaman: «qué estúpido por mi parte no haber pensado en esto antes».

¿Por qué no pensaron en eso?

Se necesita gente capaz de conectar dos puntos que a priori no parecían conectados. Hacer esa conexión no requiere solo inteligencia y formación en un campo particular, también cierto valor y atrevimiento. Añadiría un elemento más: un colchón de seguridad contra las consecuencias. Para hacer carrera en el mundo corporativo, la conformidad funciona mucho mejor que la creatividad. Especular en voz alta es peligroso, cada palabra debe haber sido medida previamente. Las ideas existen, pero permanecen silenciosas en las cabezas de sus dueños. Las que logran salir a la luz son por lo general conexiones obvias entre puntos, a las que muchos llegan a la vez. Son corolarios, no nuevas ideas. Están apenas en la orilla del océano de la creatividad. Las personas dispuestas a ir contra el *statu quo* suelen ser inconformistas. Difíciles de encajar. Ya que su cabeza no es convencional, sus hábitos probablemente tampoco.

Para innovar en un marco empresarial, el concepto de «cultura del error» es capital. Debe estar permitido equivocarse, reinar una sensación general de permisividad hacia la estupidez. Lo bueno de la estupidez es que, en algunos casos, se acaba volviendo razonable: primero la ignoran, luego se ríen, después la atacan, finalmente todos la abrazan.

Crear da vergüenza. Nadie tiene una buena idea a la primera y, aunque lo sea, necesita ser limada. Por cada buena idea existieron mil ridículas que nadie quiso mostrar en público. Las culturas anglosajonas son mucho más propensas a aceptar el error y una cultura de experimentación. Es una asignatura pendiente del mundo hispanohablante que, sin embargo, es factible lograr. Para obtener los mejores resultados son necesarios grupos reducidos en plena confianza. Se debe poder decir lo que haga falta, tener la confianza para no llamarse por el apellido ni andar midiendo lo que se dice. Exactamente lo contrario a lo que ocurre en la mayoría de comités de empresa. Pero implantar un sistema de innovación necesitará toda la atención y apoyo por parte de la dirección general.

Si alcanzamos esta «cultura del error», las ideas llegarán, y necesitaremos clasificarlas y carterizarlas. Para obtener una cartera de innovación sana, lo óptimo es emprender diferentes tipos de proyectos al mismo tiempo. No es fácil acertar con uno, ni con unos pocos parecidos entre ellos. No se precisa una cartera gigante, solo tener en cuenta que emprenderemos proyectos con un impacto más cercano en el tiempo y otros que tardarán más en dar frutos, y que es necesario disponer de ambos. Recordemos la expresión I+D+i para referirse a la investigación básica, el desarrollo y la innovación —segunda «i» minúscula, mucho menos radical y más cercana al mercado—. Del mismo modo, podemos tener proyectos más cercanos a una u otra «i».

No faltan términos para la innovación: sostenible, incremental, arquitectónica —término que se usa para la diversificación de mercados—, programas de mejora continua, iniciativas de crecimiento orgánico. O bien innovaciones disruptivas, nuevas iniciativas de crecimiento, océanos azules. Pero estratégicamente hablando, todas las innovaciones caen en uno de dos tipos.

En el primero se encuentran aquellas que amplían el negocio actual, ya sea mejorando las ofertas o productos existentes, habitualmente en cuanto a su funcionalidad o su rendimiento, o mejorando las operaciones internas. Quizá provocada por comentarios de clientes actuales. Esto tiene un problema, expresado en la frase más famosa jamás pronunciada por Henry Ford: «si le hubiese preguntado a mis clientes qué querían, me habrían respondido que un caballo más rápido».

En el segundo tipo viven las que generan nuevo crecimiento al llegar a segmentos de clientes o mercados inexplorados, a menudo a través de novedosos modelos de negocio, o incluso creando necesidades que el consumidor no tenía todavía. Respecto a la mejora continua, la innovación radical suele venir acompañada de mayores defectos, productos incompletos, en fase beta o prototipos, con un rendimiento inicial insuficiente. Habitualmente, solo pueden ser dirigidos a un mercado de nicho o grupo de pioneros reducido. Un buen ejemplo fueron los primeros teléfonos móviles con cámara digital integrada. La calidad era terrible. Nadie las usaba. Sin embargo, se fueron abriendo camino hasta desplazar completamente a las cámaras digitales que dominaron durante la primera década de este siglo.

Nuestra cartera debe abarcar ambos tipos de innovación. Esto no significa que todo el mundo involucrado deba trabajar en proyectos de ambos tipos, pero sí es necesario que todo el mundo entienda la diferencia. Se deben comprender no solo las categorías que definamos, sino también sus objetivos. De otra manera, se exigirán resultados demasiado temprano a iniciativas de nuevo crecimiento. Si nos dedicamos a la investigación básica, esta clasificación de dos resulta insuficiente. Por ejemplo, los programas europeos usan una escala TRL —*technology readiness level*, o niveles de preparación tecnológica— en 9 niveles. Desde el punto de vista de una organización que no cuenta con un departamento propio de investigación básica, esto es excesivo. Para la exposición simplificada que vamos a tomar, y para las necesidades de la mayor parte de organizaciones, de dos a cuatro son suficientes.

Fallar en el diseño de una cartera diversificada de innovación suele ser consecuencia de la confusión generalizada entre estos dos tipos, llamémoslos innovación radical y mejora continua. Las sociedades grandes —y normalmente antiguas— que han dominado un mercado durante muchos años, suelen inclinarse hacia la segunda mientras fallan estrepitosamente en la primera. Dicen que innovan, y es cierto, pero siempre sobre lo mismo. Por este motivo están en continuo riesgo de desaparición. Ahí es donde la innovación radical ofrece una vida mejor. Es un proceso que posibilita un cambio de estrategia en el futuro, crea botes salvavidas, habilita la generación de negocios inesperados.

Dos grandes familias. No son tantas. Pero muchas organizaciones con una visión de corto plazo siguen exclusivamente un programa de mejora continua. En otras se manifiesta el pánico: «queremos innovar porque estamos perdiendo dinero y cuota de mercado a pasos agigantados». Necesitan algo radical y lo necesitan ya. Cuando llegan a ese punto, es probable que sea demasiado tarde. Por eso tener una cartera nivelada es fundamental desde antes.

No existe una forma única de categorizar los proyectos. Simplemente necesitamos una manera de diferenciar innovaciones sobre nuestra actividad corriente versus innovaciones que traerán nuevos mercados o segmentos de clientes. Una bastante popular son los tres horizontes de crecimiento, propuestos por los autores Mehrdad Baghai, Steve Coley y David White en su libro del año 1999 *The Alchemy of Growth*. Según este método, los proyectos se clasifican en tres niveles: Horizonte Uno (H1), Horizonte Dos (H2) y Horizonte Tres (H3). En el primer nivel, el punto de mira es defender y ampliar el negocio principal de la compañía. Aquí se incluyen todas las mejoras incrementales de sistemas, procesos, distribución, atención al cliente... de nuestro negocio actual. El horizonte H2 es para la creación de oportunidades de negocio emergentes, nuevas, que permitan el crecimiento a medio plazo. Nuevos negocios cuyo grado de madurez nos permita entrever una implementación no lejana. En H3 se desarrollan las semillas, las ideas locas que solo queremos pilotar, las opciones que se puedan probar a medio plazo y permitan crecer en el largo. Una regla del pulgar para nuestra cartera es tener la siguiente distribución: 70% de H1, 20% de H2 y 10% de H3, pero debe ser adaptada a cada necesidad.

¿Esto no contradice lo expuesto al principio? Que solo tengamos dos tipos de innovación. No lo contradice. No es necesario adherirse a este esquema. Procter&Gamble[2] usa un modelo con cuatro tipos. Citibank[3] usa tres, similares a los de tres horizontes, pero con otro nombre. Es perfectamente posible usar solo dos tipos. En el fondo, el modelo de tres horizontes subdivide el segundo tipo, proyectos que nos traerán crecimiento futuro, en dos: uno más factible y el otro más alocado y futurista. Usemos el esquema que usemos, es importante que tengamos relativa claridad sobre nuestra taxonomía y por lo menos un tipo de proyecto que se ocupe de innovaciones a futuro. Incluso en este sistema nos podemos encontrar con dudas a la hora de clasificar, por lo que una definición explícita es recomendable. Aún así, a veces nos encontraremos en disyuntivas: ¿este proyecto puede ser catalogado como H2? ¿O es más bien H3? Etcétera.

Por simplificar, seguiremos el proceso con un sistema que tenga solo dos tipos de innovación: los llamaremos «mejora continua» e «innovación radical». Cuando se está empezando es recomendable no complicarlo mucho más.

Una vez que tengamos esto definido, el siguiente paso es idear un camino para nuestras ideas: ¿quién las ejecutará? ¿Qué presupuesto tendrán asignado? Categorizar adecuadamente una propuesta y ligarla a un cierto impacto y objetivos es interesante. Ahora toca trabajarla. Pero antes, debemos asegurarnos que nuestras ideas, en especial las de mejora continua, realmente atacan los problemas de la organización. ¿Cómo hacemos esto? Echando un vistazo a los mapas de procesos y puntos de dolor.

Mapear procesos y puntos de dolor

En noviembre del año 2015, McKinsey publicó un interesante artículo[4] sobre el impacto de la digitalización. En él se presentaban algunos impresionantes casos de mejora obtenidos tras la digitalización de ciertos *customer journeys*. ¿Qué es un *customer journey*?

Pensemos en una empresa cualquiera, por ejemplo una agencia de viajes. Lo que caracteriza y tipifica a esta firma como «agencia de viajes» es su conocimiento experto. Sabe qué se debe hacer para gestionar, organizar, planear y ejecutar las compras relacionadas a un viaje para un cliente, realizando intermediación con aerolíneas o agencias de alquiler de automóvil. Conoce perfectamente a quién contactar en cada caso, por ejemplo grupos que organizan excursiones a parques naturales. Justo el tipo de entidades que son totalmente desconocidas para una cementera o una compañía de químicos para fumigación.

Por otro lado, nuestra agencia alberga en su entraña empleados, sistemas informáticos, procesos y su propia cultura empresarial, como la mayoría de las demás. Se relaciona externamente con proveedores, clientes y la regulación gubernamental de su territorio. Su modelo de negocio quizá no sea muy diferente al de otras organizaciones con una actividad radicalmente distinta: hace acopio de ciertos elementos, en su caso un billete de tren y una reserva de hotel, y les añade un margen sobre el precio que ellos consiguen, quizá rebajado en su calidad de intermediario. El conocimiento difiere, pero lo que hacen no tanto.

Bajo cierto prisma, todas las organizaciones se asemejan.

Por este motivo existen los modelos operativos, los mapas y *frameworks* de procesos o los *blueprints*. Aunque las actividades a lo lejos puedan parecer muy diferentes, las empresas tienen un comportamiento interno similar en muchos casos. La mayor parte de las corporaciones inician su interacción con el cliente mediante campañas de mercadotecnia: concepto, campaña, generación del *lead*. No todas lo hacen de la misma forma. En las escuelas de negocio es común el caso de estudio del grupo Inditex. Esta empresa gallega consiguió alcanzar renombre mundial sin invertir en publicidad. Bien, una parte es cierta: Zara nunca tuvo una estrategia de promoción al uso. No alquiló espacios publicitarios en paneles de aeropuertos o vallas publicitarias, no tuvo cuñas en radio o televisión, no repartió panfletos. Pero sí ha trabajado con *influencers* de Instagram y ha comprado páginas en periódicos para anunciar sus rebajas. Inditex sí hace mercadotecnia: su principal activo son las tiendas bien situadas, su gestión del *retail* interior y, es cierto, fueron pioneros en gestión de escaparates. Todas las sociedades necesitan, por lo menos, pensar en cómo van a llegar a sus clientes, aunque usen otros métodos.

Del mismo modo, la mayor parte reciben una orden de compra, sea un documento formal o la aparición de alguien en caja para pagar un pantalón, o una petición a través del teléfono móvil, como cuando contratamos Rappi o Uber. Esas órdenes derivan en pagos. Un uso reiterado de un servicio genera un pago automático, como las subscripciones que pagamos mes a mes. Casi todas las empresas requieren de Atención al Cliente: recibimos preguntas, solicitudes de cambio, quejas, problemas y, eventualmente, ofrecemos soluciones. A veces es un departamento completo, otras el mismo comercial hace las labores de posventa. En ocasiones el mismo dueño o fundador se encarga de responder uno a uno todos los reclamos, si es una pyme. Casi todas las compañías deben generar estrategias de retención o lealtad o, eventualmente, tener flujos de trabajo que terminen la relación. Algunos sectores, como las firmas de telefonía, son reconocidos precisamente por la dificultad que tienen los clientes para terminar su contrato.

Un modelo operativo es una representación abstracta y visual de cómo una organización entrega valor a sus clientes y se ejecuta a sí misma. Es un dibujo de lo que hacen y cómo lo hacen. Es importantísimo contar con este tipos de mapas para generar una efectiva estrategia de digitalización. Voy a repetirlo: sin tener claro y por escrito cómo opera una empresa, las estrategias de digitalización tienen un alto riesgo de fracasar.

Un modelo operativo divide el complejo sistema organizacional en pequeños componentes y muestra cómo funcionan. Ayuda a diferentes participantes a comprender el conjunto; a identificar los problemas que causan el bajo rendimiento; a entender qué cambios se necesitan.

Existen modelos prefabricados, como el Service Operating Model[5] para servicios o el eTOM[6] en la industria de telecomunicaciones.

Nuestro dibujo podrá ser general, limitándose a los grandes macroprocesos, o más específico, hasta describir minuciosamente cada una de las interacciones que nuestros clientes tienen con nosotros en cada uno de los lugares o sistemas en donde ocurren. A cada uno de estos puntos de contacto se les llama *touchpoints*. Al recorrido completo que el cliente traza desde que decide realizar una acción —incluso desde antes de que lo decida— hasta que la finaliza, se denomina *customer journey*[12].

El conjunto de estos *customer journeys* es lo que define la experiencia

---

[12] No parece que haya una traducción única en español: he visto jornada de cliente, viaje del cliente o incluso experiencia. Es habitual mantener el término inglés.

del cliente y lo que, en muchos casos, diferencia a las marcas exitosas de las que no lo son. Por eso estos mapas son tan importantes. Hoy las agencias de viaje han desaparecido en un alto porcentaje, y las que siguen existiendo se han parapetado en mercados de nicho: el lujo, las experiencias particulares o las grandes corporaciones con volúmenes ingentes de viajes corporativos. La masa de clientes ha descubierto que tiene otros canales de acceso a los mismos servicios de forma muy sencilla: buscadores de mejores ofertas, reservas directamente en línea, etc. Ellos también cobran comisión, pero puedo consultarlos a cualquier hora. Ahí los clientes son libres de buscar, comparar, descubrir por sí mismos alternativas, recomendaciones y ejecutar las compras directamente con su tarjeta y sin pasar vergüenza por hacer demasiadas preguntas y luego levantarse sin comprar. Los *customer journeys* de los clientes que buscan un viaje han cambiado. Se han digitalizado y dejado de lado a las agencias de viajes tradicionales.

¿Por qué es importante tener bien mapeados nuestros procesos? Porque nos permite definir criterios para decidir qué cosas queremos mejorar, digitalizar o dejar como están. Estas decisiones son mejores cuando tenemos una visión completa de la operación. Somos capaces de cuantificar: ¿cuántas interacciones con el cliente se realizan con motivo de una petición de cambio? ¿Cuáles son los canales preferidos de nuestros clientes para realizar una devolución? ¿Se realizan mayoritariamente en tienda física? Parece que nuestro cliente busca un trato personalizado. Etcétera. Es posible caracterizar nuestros procesos a través de muchas variables: volumen de interacciones, costes asociados, ingreso asociado.

Además de describir los procesos operativos y de soporte, es fundamental saber quiénes son los responsables de cada uno de ellos. Esos propietarios son esenciales para asegurarse que la documentación refleja la realidad y supone mejora y valor. Es imprescindible que cada proceso tenga un dueño y que este interactúe con aquel. Que lo cuide con cariño. Y que se responsabilice de la definición que tenemos documentada para toda la empresa. Una vez que tengamos un conjunto de *journeys* y procesos consecuentes con nuestra estrategia y con la inversión y retorno planificados, podemos iniciar el proceso de reimaginarlos, mejorarlos y entonces, solo entonces, digitalizarlos.

Espero que se vaya entendiendo poco a poco por qué la tecnología es el último paso. Si se implementan herramientas sobre mapas operativos borrosos y difuminados, será un fracaso. Si se implementan sobre visiones u opiniones parciales —y todos las tenemos—, también.

Cada uno de estos *journeys* se compone de ciertos pasos. Alguno de ellos es proclive a ser mejorado con tecnología. En un proceso de compra es posible que se requiera legalmente que el cliente firme un documento. Podríamos plantear una firma digital. Esto mejoraría la experiencia del cliente, aceleraría el tiempo de espera, evitaría el gasto en papel y custodia. Puede ahorrarnos gastos de transporte, habilitar la compra desde casa sin moverse de su sillón. Parece razonable, hagamos un caso de negocio. Involucremos al cliente para saber si será aceptado, experimentemos, pilotemos. Con luz verde, implantemos. Eventualmente, la tecnología mejorará al introducir patrones biométricos, de modo que reduzcamos el fraude y obtengamos información adicional que sea reutilizada para personalizar campañas de publicidad o tener información más precisa sobre nuestra base de clientes. Es como una gran bola de nieve que viene cayendo, en la que la tecnología nos habilita cada vez más y más. Pero todo parte de cuestiones mundanas, no tecnológicas: por dónde queremos empezar, qué le duele al cliente, qué nos duele a nosotros en sus interacciones con él, cuál es nuestra visión a largo plazo.

Los *customer journeys* se traducen en una serie de procesos internos que son invisibles para el cliente. Cuando un cliente recorre el camino «comprar unas zapatillas de baloncesto en la tienda», ese camino incluye, por ejemplo, el proceso interno «registrar la venta del ítem del inventario, para poder reponerlo posteriormente».

Un proceso interno agrupa tareas con un mismo objetivo y define cómo hacerlas. Por tanto, clarifica quién es responsable de las actividades del proceso, a dónde se quiere llegar y cómo cada una de los implicados ayuda a que ese objetivo se cumpla. ¿Cuál es la diferencia entre un proceso y un proyecto? Uno se imagina su complejidad. Un proyecto es una gran obra civil y un proceso, tal vez comprar material de oficina. En realidad, la diferencia primordial entre proceso y proyecto es que estos últimos tienen principio y fin claramente delimitado, mientras que los procesos son habitualmente actividades continuas en el tiempo. Pero, en realidad, algunos procesos pueden llegar a ser tan complejos como lo que nuestra mente dibuja como proyecto. La transformación digital se ocupa de hacer más eficientes, rápidos o agradables ciertos procesos mediante la digitalización. Si nuestros procesos actuales no están bien definidos, es ridículo aspirar a triunfar en ninguno de los dos casos. La innovación en sí misma está más cerca de ser un proceso que una idea genial fruto de una mente privilegiada y bohemia.

Creo que hay algunas preguntas fundamentales que deberíamos hacernos en el momento de pensar en la definición de un *blueprint* o un plan de mejora de procesos:

1) ¿Cómo vamos a documentar la forma en que trabajamos? ¿Usaremos un lenguaje especial, texto narrado, en papel, con dibujos, ilustraciones, esquemas; o contrataremos un experto, habilitaremos un sistema? El objetivo utópico sería que cualquier individuo de nuevo ingreso sepa qué tiene que hacer en cada caso, simplemente consultando la información.

2) ¿Qué método vamos a usar para asegurarnos que todo se ejecuta correctamente y con el orden adecuado? ¿Tendremos un sistema o un departamento de calidad? ¿Implementaremos una herramienta a tal respecto, como un BPM?

3) ¿Cómo lo mejoramos? Es decir: cómo implantamos un sistema de mejora continua para nuestros procesos internos.

Un BPM es una herramienta que nos obliga a seguir las mejores prácticas en la ejecución de procesos. Permite lanzar flujos por correo, de modo que los implicados sean notificados automáticamente de lo que está ocurriendo con sus tareas. Es el acrónimo en inglés de «Gestor de Procesos de Negocio». En muchos casos es buena idea implementar uno, ya que es la herramienta más sencilla para digitalizar las comunicaciones.

Asignar objetivos

El tercer elemento es un sistema organizado de asignación de objetivos.

Una forma innovadora de diseñar y comunicar los objetivos de una organización son los OKR[13]. Se trata de un protocolo colaborativo inventado en Intel pero popularizado a partir de su implantación en Google a principios de siglo. Veamos cómo funciona.

Un objetivo (O) es simplemente lo que se debe lograr. Lo redactamos en una frase simple pero bien definida. Los objetivos deben ser comprensibles, concretos, orientados a la acción e idealmente inspiradores.

Por su lado, los resultados clave (KR) son indicadores que monitorean y cuantifican numéricamente si estamos llegando a ese objetivo. Deben ser específicos, de duración determinada, agresivos aunque realistas y, sobre todo, medibles y verificables. Un KR de buena familia tiene una magnitud y unidad bien definidas. En otras palabras, no hay áreas grises, ni «subir mucho» ni «perder un poco». Hay cifras con sus medidas y, por lo general, más de una para cada objetivo.

Pongamos un ejemplo sencillo:

OBJETIVO	◦ satisfacer a nuestros clientes.
RESULTADOS CLAVE	◦ NPS de 52 o superior. ◦ Puntuación en Google Play para nuestra *app* de 4 estrellas o superior.

Los objetivos son la sentencia bella, la inspiración, los horizontes a los que se quiere llegar. Lo que todas las organizaciones tienen y publicitan internamente. Los resultados clave son terrenales, aburridos, basados en métricas. Pero también lo que diferencia a las organizaciones honestas de las que no.

La definición de los objetivos (O) no es nada novedoso y recuerda a

---

[13] Además del libro de John Doerr, *Measure What Matters*, referencia unánime para adentrarse en el mundo de los OKR, puedo recomendar el trabajo de Felipe Castro, consultor especializado basado en Miami y que cuenta con infinidad de recursos gratuitos en su web <http://www.felipecastro.com>

la redacción S.M.A.R.T. de objetivos de los años 80 —específicos, medibles, asignables, realistas y temporales—. Nos los podemos encontrar en casi cualquier organización. Con los resultados clave (KR) ya nos volvemos más visibles, nos dificultan tapar nuestras penas. Ya es menos frecuente encontrárselos. De acuerdo, pero nada de otro planeta. Lo que marca la diferencia es cómo este objetivo, de gran escala, se expande a todos los miembros de una organización. Los empleados tienen entre sus labores acciones concretas («entregar todos los días a las 9:30 su pedido a los distribuidores»), transparentes a toda la organización y fácilmente ligadas a la visión. Esas mismas acciones se reconsideran en periodos cortos, por ejemplo tres meses.

Esto es lo difícil y lo realmente valioso de OKR: transparencia, dinamismo, alineación y adaptación en cada nivel. En esto, los OKR beben de la filosofía *Agile* que veremos dentro de algunas páginas. Cuando hablo de transparentes, me refiero a que los objetivos y el cumplimiento de los mismos sean públicos, literalmente. Desde el CEO hasta el último aprendiz. Cuando hablo de dinamismo, hablo de revisiones semanales, quincenales, o trimestrales. No anuales. Cuando hablo de alineado y adaptado, quiero decir que cualquiera debe ser capaz de entender, simplemente con leerlos, cómo sus OKR se relacionan a los de su supervisor, y estos sucesivamente a los del suyo, hasta los de más alto nivel.

Los OKR aseguran que un organismo centre sus esfuerzos en los mismos temas importantes. Las organizaciones exitosas se centran en las iniciativas que pueden marcar la diferencia ahora, aplazando las menos urgentes. Un horizonte corto de tres meses frena la procrastinación, aumenta el enfoque y nos empuja a rendir más. Y no solo esto: los controles periódicos, preferiblemente semanales, también son esenciales, por las mismas razones. Esto alinea y acelera la organización sin necesidad de retrabajar, echarle más y más horas y bajar la moral de la plantilla. La gerencia se debe comprometer con esas elecciones con palabras y hechos. Transparentando los objetivos, no pueden ocultarse tras discursos que se habrán olvidado en pocos días. Al mantenerse ahí, firmes tras los OKR más elevados que ellos mismos han definido y publicado, les están dando a sus equipos una brújula y un punto de partida. Los objetivos transparentes y encadenados exponen también esfuerzos redundantes, lo que ahorra tiempo y dinero y son una forma de comunicación. Las críticas y correcciones están a la vista del público. La transparencia genera colaboración: cuando las personas ven cómo sus objetivos están conectados con los de sus compañeros, pueden contribuir de manera más significativa al éxito de la empresa y ver las consecuencias generales de sus acciones. Es factible ver cuándo alguien necesita ayuda y ofrecer apoyo. Los objetivos públicos tienen más probabilidades de alcanzarse que los objetivos mantenidos en privado.

Manteniendo una estructura en árbol de objetivos se aumenta la motivación y se facilita la asimilación cultural. Los recién llegados se adaptan antes. Un sistema OKR efectivo vincula los objetivos individuales con la misión más amplia del grupo, con su propósito. Esta claridad se traduce en satisfacción laboral de toda la organización. Todos identifican no ya sus labores, sino el impacto que tienen en los objetivos de la empresa. En una historia apócrifa pero bella, hallamos al presidente Kennedy visitando la NASA en 1962. Se acerca a un conserje y le pregunta a qué se dedica. «*Ayudo a que el hombre llegue a la luna, señor*». Efectivamente, lo estaba haciendo. Si le preguntas a tu equipo: «¿cuáles son las principales prioridades de la organización?», es posible que las conozcan, pero difícil que puedan extraerlas de sus propias y concretas tareas diarias, a menos que se les proporcione un mapa para ello. Los OKR son ese mapa. Y no solo funciona para grandes organizaciones. En las *startups* más pequeñas, los OKR ayudan a los fundadores a *soltar* tareas que son imprescindibles solo al principio: contabilidad, nóminas, administración, etc. Los ayudan a centrarse en el producto, la estrategia, el equipo, los objetivos de alto rango. En otras palabras, los mantienen alejados de la microgestión y de hacer varias cosas al mismo tiempo. En cambio, en organizaciones grandes, es frecuente encontrar a varias personas trabajando en lo mismo sin darse cuenta —o lo que es peor, dándose perfectamente cuenta de ello—. La falta de alineación es el obstáculo número uno entre la estrategia y la ejecución. Las organizaciones saludables fomentan que algunos objetivos surjan de abajo hacia arriba, mientras que otros objetivos son definidos por los líderes. En otras palabras, un entorno saludable de OKR logra un equilibrio entre la alineación y la autonomía, el propósito común y la libertad creativa.

No todos los objetivos son iguales, ni tienen el mismo horizonte, del mismo modo que no todos los proyectos de innovación lo tienen, como veíamos hablando del modelo de tres horizontes. Google, por ejemplo, divide sus OKR en dos grupos, de igual forma que otros organismos dividen su portafolio de innovación en tres o en cuatro tipos. Por un lado están los objetivos comprometidos, los equivalentes a la H1, que son inmediatos y alcanzables, los equivalentes a la «mejora continua»: lanzamiento de productos, compras cercanas, alianzas próximas con socios, etc. Estos se deben cumplir completamente. Luego están los objetivos aspiracionales, los que corresponden con la innovación radical, equivalentes a los H2 o H3. Ideas más amplias, de mayor riesgo y más inclinadas hacia el futuro. Se originan en cualquier nivel y tienen como objetivo movilizar a toda la organización. Por definición, son difíciles de lograr. Se cumplen, de hecho, a una tasa promedio del 60 por ciento. Google tiene claro que una tasa de éxito en torno a esa cifra es satisfactoria. Esto es interesante, porque demuestra que tienen los pies mucho más en la tierra que otras empresas menos exitosas con planes estratégicos inverosímiles. Aunque sepamos que no se van a cumplir completamente, tener objetivos aspiracionales obliga a hacerse preguntas clave: ¿qué tipo de organización necesitamos ser el próximo año? ¿Ágil y audaz, para romper un nuevo mercado, o más conservadora y operativa, para reafirmar nuestra posición actual? Nos fuerza a pensar más allá.

Al igual que la tecnología en transformación digital, la implantación de los OKR es la parte relativamente sencilla. Como en muchos otros ámbitos, no importa el *software*, ni la faceta técnica de la tecnología o metodología que estemos implantando: importa el factor humano, el querer hacerlo de una determinada manera.

Las organizaciones grandes habitualmente cuentan con un sistema de gestión de objetivos, que suele manejar el departamento de Recursos Humanos. Ahí se suelen cargar los objetivos anuales, que se establecen y se olvidan hasta que llega época de revisión y evaluación. En cambio, los OKR son seres palpitantes y propulsados por datos.

Pueden ser rastreados, revisados o adaptados según las circunstancias. En empresas enormes, la implantación de un *software* específico se vuelve necesario. Cada vez más organizaciones están adoptando un *software* de administración de OKR dedicado y basado en la nube, como Atiim, Wrike o 15Five, donde los usuarios pueden navegar por un tablero digital para crear, rastrear, editar y calificar sus OKR, así como ver sus conexiones con los OKR de otros. Webs como okrsoftware.com ofrecen comparativas. Pero no olvides que al final del día, lo que importa es querer hacerlo. Algunas optan por adaptar sus *software* existentes o descargan plantillas para usar *software* ofimático como Docs o Excel. Solo una organización transparente, colaborativa, alineada y conectada puede lograrlo. Si consigue la transparencia a través de una hoja de excel porque todavía no dispone de presupuesto para una compra de *software*, eso es secundario. Lo terminará consiguiendo.

En los últimos años se ha puesto de moda denominar «Personas» a los departamentos de Recursos Humanos, bajo el supuesto de que no somos simples recursos de usar y tirar. El mensaje parece querer implicar que el trato será, con el cambio de etiqueta, más humano. Esta misma artimaña semántica desvela precisamente lo contrario. Pero nos guste o no, los individuos no pueden ser reducidos a números. Si una conversación se limita a saber si has logrado el objetivo, el contexto se pierde. Se necesita una gestión continua del rendimiento para explorar algunas preguntas pertinentes: ¿era un objetivo alcanzable? ¿Era el correcto? ¿Fue motivador? ¿Tenía las herramientas y el apoyo adecuados para conseguirlo? ¿Deberíamos mantener lo que hicimos o suenan ya campanas de cambio? A pesar del aspecto científico y obsesionado por la medición de OKR, también hay espacio para el corazón. Esta gestión continúa del rendimiento está considerada y se implementa, de hecho, con un instrumento llamado CFR, acrónimo inglés para conversaciones, *feedback* y reconocimiento.

Con «conversaciones» se refiere específicamente a la interacción bidireccional entre el gerente y el subordinado directo; «*feedback*», a esa misma interacción pero realizada con la red de pares u otros interesados en el trabajo del individuo; y «reconocimiento» es un sistema que permita expresiones de agradecimiento por contribuciones especiales. Adobe, por ejemplo, realiza estas sesiones cada un máximo de seis semanas. Estos tres mecanismos existen en la mayor parte de organizaciones grandes, aunque se llamen de distinta forma.

De nuevo, cómo se implemente es lo que marca la diferencia, puesto que el éxito de CFR reside en la autenticidad de cada uno de sus componentes. En un ambiente de desconfianza, no funcionará. La misma organización debe darse cuenta de su deshonestidad. Si, por ejemplo, envía amonestaciones a sus empleados por llegar tarde, mientras es perfectamente consciente de que salen a una hora muy por encima de lo que marca su contrato, la empresa está tomando una posición asimétrica respecto al «contrato social» que tiene con sus recursos humanos —y el contrato legal lo está incumpliendo, de hecho —. La gente se da cuenta perfectamente de esto. Se genera un ambiente de desconfianza y cinismo mutuo. Lo mismo ocurre con las empresas que tienen implantado un sistema similar a CFR, por ejemplo para dar reconocimientos. El reconocimiento moderno se basa en el rendimiento y en la horizontalidad, es decir, instituir y promoverlo entre pares. Cuando los compañeros celebran los logros de sus iguales, nace una cultura de gratitud. Cuando los reconocimientos vienen espoleados por un interés corporativo, la cultura se resiente.

En resumen, los OKR son contenedores claros y explícitos para las prioridades e ideas de los líderes. La posterior gestión de esos contenedores es clave. Los CFR ayudan a garantizar que esas prioridades e ideas se transmitan. Pero los objetivos no se pueden alcanzar sin un medio: la cultura de una organización. Una cultura OKR es una cultura responsable. No empujas hacia una meta solo porque el jefe te dio una orden. Lo haces porque cada OKR es importante para la empresa, porque te sientes respetado y resguardado y porque tus compañeros cuentan contigo.

Comenzar y filtrar

Ya hemos diseñado un sistema para categorizar proyectos, mapeado nuestros procesos y *customer journeys*, sabemos en dónde nos duele y tenemos un claro árbol de objetivos desde los más amplios a los más concretos. Es hora de asignar personas a proyectos y comenzar.

Bien, ¿cómo elegimos los proyectos? Es interesante dedicarle algunas semanas a todo lo anterior —mapeos, puntos de dolor, objetivos, etc.—, con algunos ejecutivos involucrados y emocionados con la idea, algunos clientes de confianza, empezando a analizar necesidades no satisfechas. Haz un estudio de lo que está haciendo la competencia, quizá dé pistas. En este punto no es imprescindible llegar a una cartera impecable o realizar un análisis exhaustivo: las malas ideas caerán pronto en el flujo. Empezar es lo prioritario.

Con las conclusiones de estas semanas se debe hacer una sesión con los ejecutivos involucrados, preferiblemente facilitada por alguien externo y neutral. De ahí se deberían no solo extraer proyectos individuales, sino empezar a vislumbrar áreas completas de crecimiento o necesidad. «Parece que todo el mundo visualiza un problema con el flujo de Compras», o «sería interesante empezar a tener cuadros de mando para los ejecutivos de venta». O prevén una oportunidad de expansión en África con algunos ajustes al producto actual. Tal vez varios clientes quieren ver ampliada la gama de colores y materiales de varios productos textiles que producimos. A veces, el beneficio no es económico. En otras, el tamaño económico de la oportunidad es tan cegadoramente grande que nos olvidamos de que simplemente no es factible hacerlo. Como regla del pulgar, es bueno sentar las oportunidades que elegimos no solo por sus datos financieros, sino por tres características: se trata de algo que un cliente necesita; que puede ser solventado por nosotros mediante una tecnología, producto o servicio que sepamos hacer; y que estemos en posición ventajosa respecto a la competencia. A veces tenemos ideas interesantes pero con una curva de aprendizaje enorme para nosotros; en otras nos imaginamos que eso tiene demanda, pero no la tiene. O es una buena idea, pero la competencia nos lo puede copiar fácilmente.

Definir y redactar un sistema de filtrado será útil: qué haremos, qué definitivamente no haremos —la más importante—, y qué tomaremos en consideración para discutir internamente. Cuanto mejor definidos estén nuestros filtros, más decisiones automáticas se podrán tomar sin necesidad de organizar comités y más reuniones. En el mundo real, los primeros proyectos de innovación serán todos de mejora continua. La gente entiende su negocio, es capaz de citar un buen número de puntos de dolor sin necesidad de hacer una auditoría previa. Las ideas que surgen son, en la mayor parte de casos, paliativas para lo inmediato. Es importante no perder de vista el futuro y que las operaciones actuales tienen una fecha de caducidad. Como regla del pulgar, empezar con un 80% de mejora continua contra un 20% de innovación radical es una solución para quien no se decida. O un 70%, 20%, 10% si usamos el sistema de tres horizontes.

Un sistema de innovación debe comportarse como un grupo de *startups*. Se debe constituir un comité de patrocinadores, al estilo de los de los programas de televisión como *Shark Tank*. El presupuesto es limitado, por eso el comité debe estar conformado por un grupo de líderes de alto nivel con autonomía suficiente para tomar decisiones sobre iniciar, detener o redirigir proyectos de innovación. Es aconsejable que haya individuos externos al comité de dirección y al mismo tiempo que no todo el comité esté replicado exactamente en él. Si se hace así, la operación del día a día acabará por entrar en discusiones sobre proyectos de corto plazo. Es importante contar con un presupuesto preasignado, de forma que no sea necesario acudir a solicitarlo después de realizar el proceso de filtrado y votación. Una bolsa común para proyectos de innovación. Si no se tiene, es imprescindible que cada proyecto cuente con un patrocinador ejecutivo.

Dependiendo de la ambición de la iniciativa y del tamaño del presupuesto, los proyectos de mejora continua también deberían pasar por ese tipo de filtro o tener su propia cadena de filtrado y competir entre ellas. En todo caso deben estar vinculados a la estrategia actual y administrarse principalmente dentro de la estructura organizativa de la empresa. Son proyectos de los que se espera que ofrezcan rendimientos rápidos y sustanciales en el futuro cercano y que necesiten ser financiados a escala, por lo que se deben ejecutar dentro de la organización. Tener mecanismos bien diseñados de cadena de valor para nuestras ideas es imprescindible.

Los proyectos más radicales, en cambio, suelen estar mejor alejados del ajetreo diario de la operación. Una vez que se tiene localizado a un grupo de gente adecuado, quizá nos interese definir grupos de trabajo dedicados exclusivamente a trabajar estas ideas; una buena práctica es separar estos grupos en edificios y estructuras jerárquicas completamente aparte de la operación, como Fjord en el caso de Accenture o Space10 en el caso de IKEA.

Existen varias maneras de filtrar. Por ejemplo, las metodologías de escalado ágil que veremos más adelante proponen sistemas de votaciones y notas de corte, de modo que los proyectos con puntuaciones más altas pasan adelante mientras haya presupuesto. Cuando se llega al último que «cabe» en la bolsa, se cierra el grifo. Cuando se tienen muy pocos proyectos, otra forma más simple es por votación de mayoría simple. Los principales fondos de capital riesgo no siguen ciclos presupuestarios trimestrales o anuales como otras empresas. Cuando una *startup* va consumiendo etapas exitosamente, completa un hito o tiene un problema —y cuenta con el respaldo de su fondo— obtiene más inversión.

¿Qué sigue? Cuando se haya estado trabajando bajo un esquema de innovación radical durante algunos meses, nos podemos plantear crear funciones especializadas: alguien encargado de generar alianzas con universidades o centros de investigación; un experto a cargo de la experiencia de cliente o el diseño; un explorador que vigile el mercado. Estos sistemas suelen descubrir problemas en la cultura corporativa, de la que nos ocuparemos más adelante. Alguien de Recursos Humanos específicamente ligado a esto tal vez resulte interesante. Con una cartera modesta es posible usar documentos colaborativos como Google Sheets para mantenerla. A partir de cierto momento, es posible que quieras explorar un *software* específico de gestión de la innovación. Existen multitud de soluciones, como Planbox o Crowdicity. Algunas son gratuitas. Un *software* especializado y adaptado a las metodologías ágiles que veremos más tarde es el de la compañía australiana Atlassian, que cuenta con una herramienta de gestión de proyectos llamada Jira, muy popular, y un entorno colaborativo parecido a una wiki pensado para la gestión y compartición de conocimiento, llamado Confluence.

Fundar una fábrica de innovación

Sobre todo, lo importante es empezar. La mayoría de las innovaciones provienen de personas dedicadas que trabajan arduamente para resolver un problema y que no siguieron un método concreto. Todos los métodos deben adaptarse a la realidad de las organizaciones. El factor humano es infranqueable.

Antes de lanzar, un último consejo: el protocolo descrito hasta ahora no es más que una manera ortodoxa de hacer las cosas. En el mundo real, es válido intentar comenzar algunos pilotos sin tener unos objetivos bien descritos o sin un mapa completo de procesos. Lo importante es empezar. Empieza por algo pequeño. Simplemente, si lo vas a hacer, hazlo en serio.

¿A qué me refiero con «en serio»? La mayor parte de las *startups* no consiguen sobrevivir un año. Las fundan gente extremadamente inteligente y entregada a su proyecto, bajo presión por haber levantado un poco de capital riesgo, y con toda la energía y ganas de hacer cosas. Si ellos no lo consiguen… ¿por qué deberían conseguirlo empleados a tiempo parcial? Asignar personas a tiempo parcial en proyectos de innovación es un error típico y fatal de las organizaciones tradicionales. Incluso un piloto pequeño necesita gente involucrada al cien por cien. No importa demasiado quién —aunque otra trampa habitual es colocar a personas sin ningún tipo de poder de decisión—. Si tu organización está comenzando a interesarte por la innovación, todos son novatos. No importa. Es necesario empezar. Pero que sea con individuos dedicados, con grados de libertad para tomar decisiones y apartados de una «cultura del error» nociva. Deja claro que no habrá penalizaciones por purgar proyectos fallidos. Al contrario: muchas organizaciones los celebran, porque les da información de lo que no habría que haber hecho antes de que sea demasiado tarde.

Barreras comunes

7

Pirámides verticales

Muchos gerentes caen en la «trampa de la productividad»: más gente significa más progreso. Pero más grande no significa mejor cuando se trata de la organización de equipos. A menudo es lo contrario.

Una de las facetas que las grandes organizaciones suspiran por imitar de las *startups* es su capacidad de adaptación. Pero, por desgracia para ellas, esto es imposible por varias razones. Una es obvia: su tamaño. Pero hay algo más sutil, que tiene que ver con la jerarquía y la verticalidad.

La mayor parte de organizaciones entienden los planes de carrera como grandes caminatas hacia el cielo, trepando por escaleras corporativas pobladas de nombres rimbombantes. Es decir: la trayectoria habitual de una carrera profesional, en la que un becario sube a analista o asociado, luego a gerente o socio, quizás a vicepresidente, durante varios años de servicio. Algunas firmas tienen incluso cronometrados sus planes de carrera, especialmente las consultoras: uno sabe dónde debería estar exactamente dentro de tres años, cuatro meses y siete horas. Esto es terrible para las nuevas generaciones y una máquina de ansiedad para personas talentosas, incluyendo aquellas en las que la palabra «ambición» asoma constantemente por sus bocas. En el otro extremo, existen *startups* que apuestan por la ambición horizontal. Se alienta a los empleados a profundizar, volverse expertos, variar sus proyectos, descubrir cosas nuevas, ampliar sus conocimientos y mejorar personalmente, sin que ello venga acompañado de una etiqueta nueva. Hemos perdido la veneración por los oficios, pero hay quienes siguen anhelando ser maestros artesanos. Dicho de otra forma: programadores que quieran ser grandes programadores, no gerentes de equipos desarrollo con decenas de personas a cargo. Esta forma de pensar define a las *startups* y alimenta su capacidad de reacción.

Algunas *startups* también crecen. Y al crecer, se topan con los mismos desafíos. Llegan a comprobar en sus carnes que generar capas administrativas no sirve, porque desvirtúa sus bondades. Estas empresas son las que a lo largo de los años han generado modelos de autogestión que hoy muchas compañías enormes intentan adoptar, sin tener en consideración que esos sistemas fueron creados por la necesidad de gestionarse bajo unas preferencias hacia el crecimiento diferentes a las que la capa directiva de una gran organización tiene. Un muy conocido ejemplo es la sueca Spotify. ¿Qué ocurre entonces? Que al querer adoptar métodos, pero no la forma de pensar, se fracasa.

Se ha demostrado empíricamente que los miembros de un equipo pequeño son más productivos unitariamente que los de equipos más grandes. Si bien cada individuo adicional aumenta la productividad total del equipo en su conjunto, la investigación demuestra que el diferencial de su aporte lo hace a un ritmo decreciente. Dicho más claramente: el decimocuarto miembro tiene un aporte menor que el quinto. Cada vez menos valor. Si eres economista, esto te recordará a la ley de utilidades marginales decrecientes. En 1913, Maximilien Ringelmann solicitó a algunos voluntarios que realizaran la sencilla tarea de tirar de una cuerda. Descubrió que cuando solo una persona tiraba, esta se esforzaba totalmente, pero a medida que más personas contribuían y la responsabilidad se diluía, su esfuerzo individual cesaba. Bibb Latané realizó un estudio similar en el que se les pidió a participantes con los ojos y oídos tapados que gritaran lo más fuerte posible. Los voluntarios hicieron menos ruido en grupo que cuando gritaban ellos solos. En psicología, este fenómeno se conoce como *social loafing* o «vagancia social».

El antropólogo inglés Robin Durban limita la cantidad de personas que pueden relacionarse plenamente en un sistema a aproximadamente 150. De sus estudios proviene el límite con el que algunas metodologías ágiles trazan conjuntos de personas con una dedicación determinada. Por ejemplo, las tribus o capítulos en el modelo Spotify, o los «trenes», llamados ARTs, en el marco SAFe, que veremos en la siguiente sección. Dunbar relaciona esta limitación con el tamaño del neocórtex cerebral y su capacidad de proceso y agrega que, en el caso de las relaciones sociales, estas tienen a su vez niveles de cercanía y calidad dentro de este grupo: dedicamos el 40% de nuestro tiempo a cinco personas, el 20% a diez personas más. De este modo, el 60% de nuestro tiempo de ocio se invierte en un grupo cercano de tan solo quince personas. Haciendo el paralelismo a grupos de trabajo, no podemos dedicar tiempo de calidad en grupos mayores de quince, y no tendremos ninguna conexión con algunas personas en grupos que excedan de 150. Otros antropólogos, como Peter Killworth, hablan de un número mayor, entre 231 y 290. Sea cual fuere, todo apunta hacia generar grupos más reducidos para permitir interacciones directas.

Las jerarquías piramidales adolecen de serios problemas para crear conexiones y una comunicación efectiva en su seno. Es probable que hayas jugado alguna vez a «teléfono roto»: un grupo de personas se coloca en fila y se pasa un mensaje, hablado al oído o por señas, sin que el siguiente eslabón de la cadena pueda ver las comunicaciones anteriores. Al finalizar la cadena, el mensaje final no se parece en nada al original. Esto mismo ocurre en las comunicaciones empresariales. A partir de cierto nivel, el mensaje se descompone. Se prohíben implícitamente los «saltos» para tener comunicaciones directas con personas a distancia de dos o más niveles, así que irremisiblemente la calidad, a partir de cierto nivel, se esfuma. Y parece que esto no solo funciona con el habla, sino también con la memoria. En la Universidad Northwestern, en Estados Unidos, se realizó un experimento[1] con 12 voluntarios, a los que se le pidió lo siguiente: el primer día, aprendieron la posición de 180 objetos colocados sobre una malla en la pantalla de un ordenador, en una casilla específica cada objeto. Al día siguiente, los objetos aparecieron desordenados. Se les solicitó ordenarlos de nuevo, colocando los mismos objetos en el mismo lugar de la malla. Al tercer día, lo mismo. El resultado fue que la disposición de los objetos en el tercer día se parecía más a la presentada al principio del segundo día que a la original. Es decir, a pesar de que los participantes eran plenamente conscientes de que el segundo día los objetos amanecieron desordenados, y a pesar de que su último recuerdo en el tercer día era la ordenación que ellos mismos habían realizado el día anterior, el «error» en la disposición del segundo día había influido su memoria y modificado sus recuerdos. Parece que nuestro cerebro es tan responsable como nuestra lengua en la degradación del mensaje a lo largo del tiempo.

Thomas Allen trazó en la década de los 70 una función exponencial decreciente[2] para la frecuencia de conversaciones que las personas tienen según la distancia en la que se coloquen en una oficina: a partir de los ocho metros de distancia, la probabilidad descendía por debajo del 10%. A pesar de que hoy en día tenemos muchos más canales de comunicación que en los años 70, las conversaciones cara a cara siguen importando. «Si un equipo puede comer más de dos pizzas, es demasiado grande», dice el CTO de Amazon, Werner Vogels.

La cantidad de comunicaciones posibles entre miembros de un grupo es $n*(n-1)/2$. Una fórmula bien conocida y estudiada en la mayoría de certificaciones de gestión de proyectos, como el PMP. Se llama Ley de Metcalfe. Si estudiaste matemáticas, habrás notado que se trata de una fórmula que genera una sucesión cuadrática: 1, 3, 6, 10, 15, 21, etc. Esto explica el concepto de externalidades de red que mencionábamos hace páginas, pues el valor de una red de comunicación —interconexiones entre personas— aumenta cuadráticamente con el número de participantes. Cuanta más gente use una *app*, su valor crece exponencialmente. Pero es algo negativo cuando se trata de mantener informados a todos sus miembros: un grupo de solo 50 personas tiene 1.225 posibles canales de comunicación. Muchos expertos en psicología organizacional apuntan a este problema a la hora de gestionar vínculos entre miembros. El costo de la coordinación prolifera con cada miembro adicional.

Para hacer frente a este creciente número de conexiones, la forma preferida de comunicación es organizar reuniones. Odiamos las reuniones. Y sin embargo, no debemos culparlas del todo, mucha de la responsabilidad es de nosotros mismos. No sabemos cómo tener reuniones. Se suelen organizar con decenas de personas, lo que lesiona el principio minimalista que hemos explicado. Consecuentemente, se vuelven tediosas, demasiada gente ni siquiera interviene, no se sigue un guion ni se respeta el motivo de la reunión y, sobre todo, no se hace lo que se supone se tiene que hacer en una reunión: tomar decisiones. En muchos casos, las decisiones dependerán de jerarquías ulteriores a las que están participando en la reunión. ¿Para qué se hace, entonces? Cada reunión debería tener una agenda muy clara: qué se cubrirá, en qué orden y cuántos minutos para cada artículo. A menudo reservamos reuniones durante una hora, cuando las personas no pueden mantener la atención durante tanto tiempo seguido —lo mismo aplica para las presentaciones—. Solo deberían durar 25 minutos. ¿Por qué 25 y no 30? Porque esto permite tener reuniones consecutivas y no llegar tarde a la siguiente. Durante esos 5 minutos se hace la transición e incluso tiene tiempo a revisar el correo. La agenda debería ser compartida con todos antes de la reunión para que puedan prepararse. Esto es especialmente relevante para los miembros más introvertidos, que solo se atreven a hablar cuando han podido meditar el tiempo suficiente lo que van a decir. Tener una agenda también facilita que el moderador controle la reunión, ayuda a las personas a mantenerse enfocadas e incluso les permite decidir por sí mismas si deben asistir.

He aquí los dos grandes problemas de las jerarquías verticales y piramidales: vuelven irrelevantes muchas reuniones y generan flujos inacabables de comunicación, degradando su calidad en el camino.

Para solventar esto, algunas propuestas radicales rompen con las estructuras jerárquicas. En el año 2015, la empresa Zappos se hizo famosa por proponer a sus empleados dos opciones: adoptar completamente un nuevo sistema de gestión, llamado «Holocracia» —que llevaba parcialmente implantado un año—, o recibir una sustanciosa liquidación y abandonar la empresa. El 86% se quedó[3]. Por entonces, Zappos contaba con 1.500 empleados, y hacía seis que había sido comprada por Amazon.

Un «holón» es algo que es a su vez todo y parte. Por ejemplo un fractal, o un árbol frutal que contiene semillas, pero a su vez esas semillas contienen los componentes del árbol. De la misma forma, la holocracia busca organizar al personal por roles concéntricos y distribuir la autoridad. La idea es que cada quien pueda trabajar en varios proyectos con distintos roles. No existen las descripciones de los diferentes puestos, sino que cada trabajador asume un rol concreto con responsabilidades claras, que puede variar en función del equipo con el que colabore. En una holocracia supuestamente no hay títulos, ni jefes, ni jerarquía, aunque algunos críticos apuntan a que el flujo de decisión fluye solo desde círculos concéntricos hacia fuera. En todo caso, no presenciamos la rigidez jerárquica de las estructuras en árbol a las que estamos acostumbrados.

El asunto de la estructura es de los más polémicos en las transformaciones organizacionales, si no el que más. La resistencia a este cambio suele ser gigante. Las organizaciones que necesitan transformarse digitalmente suelen tener plantillas con suficiente antigüedad para que no les interese ningún cambio de *statu quo*. Somos animales de costumbres. En algunos casos, se vuelve un asunto de supervivencia. Incluso para la gerencia puede ser difícil querer adoptar nuevas ideas. Sentimos miedo, nos jugamos demasiado. Preferimos innovar solo después de que otros lo hayan hecho y probado.

Expectativas irrealistas

Al ser humano le fascinan las historias. Sabemos que Isaac Newton descubrió la gravedad cuando le cayó una manzana en la cabeza a los pies de un árbol. Excepto que no fue así. Probablemente la historia de la manzana nunca existió. La manzana, símbolo maldito omnipresente: en el Edén, en las doce pruebas de Hércules, en Blancanieves, en las Guerras de Troya. Newton fue el primero en describir con precisión y lenguaje matemático el movimiento de los cuerpos, trabajo que le llevó aproximadamente dos décadas, hasta la publicación en 1687 de *The Mathematical Principles of Natural Philosophy*, más conocido como los

Principia. Fue acusado de plagio por Robert Hooke, quien había publicado un trabajo incipiente sobre el movimiento de los cuerpos y de la Tierra en 1666, mismo año en que Newton abandonó Cambridge y empezó a trabajar en el asunto. El mismo Newton admite en su prólogo que otros autores habían advertido la relación entre caída libre y el cuadrado del tiempo unos 40 años antes de su libro. El entendimiento del ser humano sobre la gravedad es muy antiguo, aunque no se hubiese descrito con fórmulas matemáticas la relación entre tiempo y altura con una constante de aceleración. No serían posibles las pirámides egipcias ni los templos griegos sin una comprensión del fenómeno, al menos intuitiva, por parte de las generaciones previas. Hay miles de ejemplos como el de Newton. Es probable que Arquímedes no saliera corriendo desnudo gritando «eureka» por las calles de Atenas, porque esta anécdota la describió Vitruvio doscientos años después.

¿Por qué ocurre esto? Porque los humanos pensamos en «formato cuento»[4]. Y si el cuento es lo suficientemente bello, su veracidad pasa a un segundo plano[5]. No solo eso: estamos anclados a decenas de sesgos cognitivos distintos, como los que describían Kahneman y Tversky. Por ejemplo, somos una especie conservadora. Los Estados Unidos siguen usando el sistema métrico imperial por tradición, incluso aunque en su país de origen, Gran Bretaña, cada vez se usa menos. Solo Liberia y Birmania lo comparten en el mundo. ¿Qué ventaja tiene esto en un mundo globalizado? Ninguna, solo la costumbre.

Por culpa de estos sesgos, no siempre las mejores ideas triunfan. El mundo de la innovación no es meritocrático, al menos no siempre. Las grandes ideas suelen recibir una fuerte resistencia hasta que se imponen. Los factores son múltiples. Puede ser culturales, por tradición, políticos, económicos. El pensamiento cortoplacista y la agenda personal de los ejecutivos frecuentemente sale a escena. De la misma forma, innovar por innovar no siempre es la respuesta. Tiene un anverso y un reverso: los inventores del avión no pensaron en los cazas militares. Henry Ford no preveía los miles de muertos en el tráfico. Cuando miramos al pasado, homogeneizamos y tendemos a edulcorar. A veces hay buenas ideas a las que todavía no le ha llegado su tiempo. Otras veces, lo contrario: se les ha pasado, pero nadie se ha dado cuenta. El teclado que usamos, QWERTY en el caso de los hispanohablantes —con ligeras modificaciones entre países, por ejemplo, los franceses tienen la letra «a» en la posición en que los españoles tienen la «q»—, fue una buena idea en sus inicios. Mezcla las letras más comunes con otras en posiciones clave, las centrales, de modo que ralentiza la escritura. ¿Tiene sentido esto? Sí, cuando vives en el siglo pasado y la mayor parte de mecanógrafos son expertos escribanos capaces de alcanzar una velocidad tal que bloquean las varillas unas con otras. ¿Tiene sentido esto hoy en día? No lo parece. De hecho existen alternativas, como el teclado Dvorak, que concentra las letras que tienen mayor ocurrencia, en concreto el 70%, en la línea central. La línea central del teclado QWERTY la componen letras que en español tienen solo un 32% de probabilidad de ocurrencia.

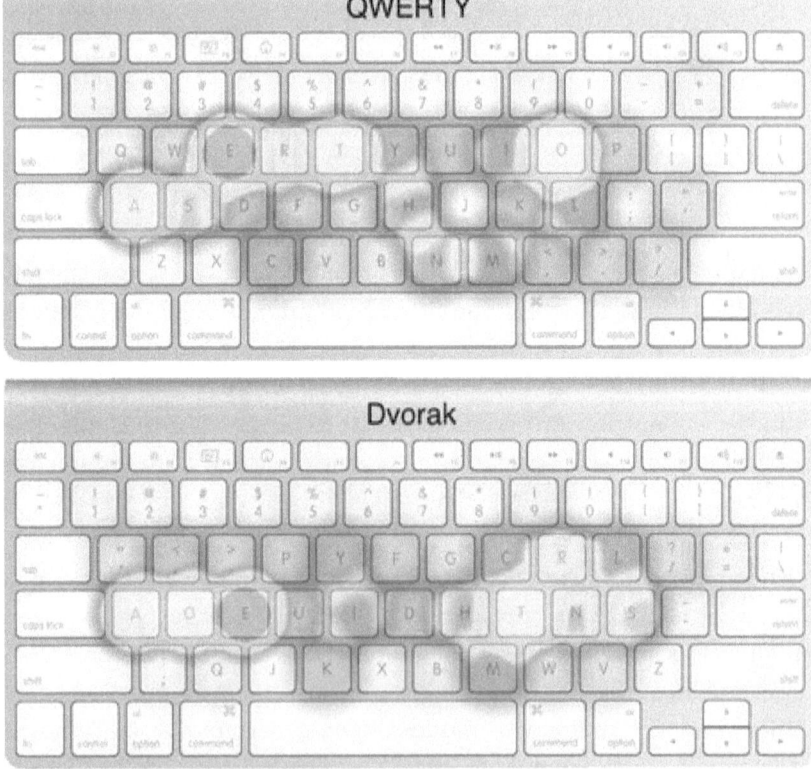

Figura 16: frecuencia de tecleo en español de los teclados QWERTY y Dvorak.

De qué hablamos cuando hablamos de innovar

Feynman tenía momentos de lucidez cuando se afeitaba en las mañanas. En las noches, solemos ser creativos en los últimos instantes previos a dormirnos[6]. Pero a Feynman se le solían ocurrir cosas relacionadas con su trabajo, que era la Física. No le llegaban nuevas ideas para una trama de novela policiaca. Nunca escribió una, al menos. Los descubrimientos e invenciones vienen del trabajo mental pasado y presente. Y normal y curiosamente, durante momentos de descanso[7]. Los buenos hábitos mentales nos conducen a la innovación.

Ciertas fábulas envuelven de un halo misterioso a la innovación: parece reservada a las *startups* de Sillicon Valley o a grandes empresas que invierten cifras inalcanzables para el resto de mortales. Sí, algunas partieron desde un garaje —no todas las que se cree—, pero el mito nos transmite que estaban destinadas a triunfar, que se trataban de merecidas acreedoras de películas de Hollywood, capitaneadas por genios estrafalarios y excéntricos. Muchos momentos «eureka» existen, pero suelen proceder más a menudo de errores y accidentes que de instantes de epifanía. Las bolsas de té fueron inicialmente usadas como simples envases y no participaron en la preparación de la bebida hasta el S. XX. Los microondas surgieron de una descarga inesperada de un sistema de radar desarrollado por Percy Spencer durante la Segunda Guerra Mundial y que derritió la barra de chocolate que tenía en el bolsillo.

El mito de la innovación como resplandor venido de la nada, alimentado por historias de inventores bohemios y casi místicos, es peligroso. Pensar que las mejores ideas siempre triunfan, o que no hay obstáculos irracionales, puede conducirnos a expectativas irrealistas. Innovar es más aburrido de lo que parece. Más tedioso y mundano —y en ocasiones injusto— de lo que aparenta, aunque el descubrimiento de nuevos métodos, servicios o productos pueda resultar fascinante. Cuando uno escucha alguna historia sobre una repentina chispa de genialidad, es útil preguntarse cuántas horas pasó antes el creador trabajando, cuántas personas conformaban su equipo, cuál fue el ratio inspiración versus trabajo. Y cuántos intentos, pruebas y errores ocurrieron incluso después de haber tenido ese destello de perspicacia. Las ideas formidables que salen a la primera solo ocurren en los cuentos. «Cuando llegue la inspiración, que me encuentre trabajando», decía Picasso. Bien, tener un método no garantiza ser Picasso, pero ayuda. El desafío con el trabajo creativo son los muchos factores que están fuera de control. Gestionar una cartera de innovación es como gestionar una cartera de acciones, donde se asume un rango de riesgo a través de múltiples ideas o inversiones, pero donde todas pueden acabar en pérdidas. Puedes hacer todo bien y fallar. Pero es mejor empezar a hacerlo a no hacer nada.

Las empresas suelen ser poco originales a la hora de competir. Cuando se ven en aprietos, rápidamente acuden a bajar el precio, u ofrecer más por lo mismo, o hacer una promoción temporal, o generar más publicidad. Poco más. Esto es porque las personas a cargo de los productos suelen ser las mismas que están a cargo de operarlos y, en general, no hay nadie dedicado a pensar e imaginar nuevas formas de vender. Las posibilidades de innovación son casi infinitas. Para diferenciarse no se precisa tanto como el mito nos hace creer.

Figura 17: rendimiento comparado de empresas innovadoras, crédito: *Ten Types of Innovation* (Keeley *et altri*, 2010)

La experiencia muestra que las empresas más innovadoras combinan varios tipos de innovación a la vez. Larry Keeley realizó un estudio en 2011, dividiendo en dos grupos a varias empresas norteamericanas: los «innovadores promedio» combinaban 1.8 tipos de innovación según su definición de diez, con solo el 16% usando tres o más. El otro grupo, el de los mayores innovadores, usaban 3.6 tipos de innovación en promedio, con el 71% usando al menos 3 en combinación. Luego echó un vistazo al comportamiento de la acción en el S&P500 entre 2007 y 2011: sobre un índice de 100 al iniciar 2007, las empresas que usaban entre 3 y 4 tenían un incremento del rendimiento de su acción del 50%, y las que usaban 5 o más lo duplicaban. En contraste, empresas del índice sin innovaciones registradas perdían valor. Otra conclusión interesante es que la innovación basada en producto es cada vez menos usada en detrimento de combinaciones de otras, como procesos, red o servicio adherido.

Starbucks quiso ser primero un bistro de café gourmet. Hoy en día es más reconocida por su espacio que por su producto: son oficinas eventuales donde se producen reuniones, entrevistas de trabajo o teleconferencias y es refugio de escritores, *freelancers* y cualquiera que necesite Wi-Fi con urgencia. Cuando las organizaciones ven que sus productos no se están vendiendo, suelen hacerse preguntas como si es necesario aumentar la calidad, bajar el precio, etc. Cualquiera de esas cosas puede aumentar las ventas, pero tampoco se puede estar seguro. El enfoque suele ser poco científico y muy dependiente de la suerte. Hacerse las preguntas adecuadas es importante. En lugar de preguntar: «¿cómo puedo lograr que más personas compren mi producto?", se deberían preguntar: «¿qué función están cumpliendo los productos o servicios que contratan mis clientes?». En el caso de Starbucks, su clientela no se limitaba a *connaisseurs* del café. Todos los productos y servicios cumplen una función, pero esa función, según veíamos antes la diferencia entre funcionalidad y calidad, difiere según el contexto. La ropa sirve para taparse. Más allá, puede servir para taparse de cierto modo particular, con el objetivo de mejorar el aspecto. Mejorar ese aspecto puede significar algo regular: «dar una buena imagen a diario en la empresa»; o eventual y urgente: «conseguir lo que sea, pero elegante, para la reunión de esta tarde, después de que la aerolínea haya perdido mi maleta». Puede ser algo más bien insignificante: «unos calcetines de lana para andar por casa»; o algo clave: «el vestido para la fiesta de graduación». Todos los productos y servicios cumplen una función. Intenta comprender cuál es. Incluso en las decisiones más aparentemente racionales existe un componente emocional. «Nos contrataron el servicio de ingeniería para la nueva planta industrial porque somos rápidos y fiables» puede contener, tras las bambalinas, un «Natalia, la gestora de proyectos, se está jugando un ascenso con esta obra y está dispuesta a comprometer presupuesto del año que viene o pagar un extra para contratar a la ingeniería que le garantice entrega en tiempo y sin problemas». Como vimos en los experimentos de Kahneman y Tversky, la gente se siente aterrorizada por la posibilidad de perder. Cuando buscamos innovar, frecuentemente pensamos en aspectos perfectamente racionales y funcionales, y se descartan aspectos psicológicos.

Los problemas pueden ser oportunidades si lo que se busca es solucionarlos. Las enfermedades nos llevaron a crear sistemas de alcantarillado, vacunas, medicinas. Comienza por buscar soluciones para cada problema. La innovación se inicia con la comprensión de los elementos clave, pero no obvios. El material puede no ser un elemento clave de una puerta, a menos que el material suponga un problema *per se*, por su coste, su peso, por la contaminación que provoca, etc. Una nueva forma de entrar, una nueva manera de mantener a los extraños fuera: esos pueden ser elementos clave. Si se comienza por ahí, pronto aparecerán las ideas. Si nunca encuentras las llaves en el bolso al llegar a casa, puedes ser quien invente un sistema de apertura de puertas por reconocimiento de voz, como ya existen en algunos *call centers* para reconocer a los clientes. La buena actitud ayuda a la innovación. La técnica creativa de resolución de problemas implica combinar dos o más ideas o conceptos para ver qué nuevo producto resulta de ahí. Dicho de otra forma: llegar de un punto A a un punto B de una forma que a nadie antes se le había ocurrido. El punto crucial es que siempre asumes que habrá una solución, con lo que la mente trabaja en algo sobre lo que tiene esperanzas. Ningún cerebro trabaja desesperanzado. Por las mismas razones, la diversión y la diversidad ayudan a la innovación. Cuando te entretienes, tu mente trabaja sin darse cuenta. Equipos distintos pueden llegar a soluciones brillantes por contraste de ideas. Recuerda que no existe una única forma de inteligencia, y los cocientes intelectuales que se calculan en los tests suelen estar relacionados con la inteligencia analítico-matemática, que no siempre se correlaciona con la creatividad. Innovar es tedioso en el sentido literario, pero debe ser divertido en el día a día de las personas que están involucradas en el proceso.

Ya vimos la necesidad de documentar las interacciones que los clientes tienen con una organización, los *customer journeys*. Cuando se han hecho las preguntas adecuadas y entendido el proceso por el que los clientes llegan a nuestros productos, lo demás es un trabajo de limpieza: eliminar obstáculos, remediar frustraciones e inventar una experiencia mejor que la actual. Varios factores nos pueden dar pistas sobre el impacto de una idea o la facilidad que tendremos para implantarla:

1) **¿Qué valor tiene respecto a lo que ya tenemos o existe?** Es importantísimo que, de tratarse de un producto hacia cliente, esta opinión parta de él. En el caso de un nuevo proceso o sistema interno, podemos cotejarlo con los propios usuarios. Podemos incluso plantearnos una siguiente pregunta: ¿serán visibles los resultados? ¿Serán vendibles, externa o internamente si es el caso? Una innovación vistosa siempre es mucho más fácil de escalar en una organización.

2) **¿Podemos probarla fácilmente?** Siempre hay que recordar la importancia del prototipado. Si no podemos hacer un prototipo que mostrar a potenciales clientes, quizá no podamos responder honestamente a la primera pregunta.

3) **¿Qué coste o esfuerzo supone?** Aún teniendo una respuesta positiva a la primera pregunta, nos podemos encontrar con que el coste de implementación es muy superior a sus beneficios posteriores. Un caso de negocio interno o externo es buena idea en estos casos, aunque es importante no caer en la trampa: a veces los mismos casos de negocio son usados como excusa para no cambiar el *statu quo*.

4) **¿Es el momento adecuado para esta idea?** Esta es difícil. El iPad no fue la primera tablet, anteriormente ya existían las Pad, que no tuvieron ni de lejos la misma aceptación, aunque contenían muchas de sus funcionalidades: pantalla táctil, aplicaciones, etc. Era demasiado temprano y su uso demasiado complejo. Debemos evaluar si la complejidad de nuestra idea

será demasiada para el mercado objetivo.

El elefante en la sala

¿Qué hacer con la cultura? Es intangible, invisible, inaudible... Sin embargo, las encuestas reconocen que la cultura es tan o más importante que las estrategias o los modelos operativos. Esta visión de su importancia aplica en todo el mundo y sobre cualquier industria.

La cultura existe. Ahí está. Aunque no la podamos ver, la olemos nada más entrar por la puerta. Como en una cita, donde las primeras impresiones son importantes, las de una organización dicen mucho de ella. En pocos minutos habremos aprendido gran parte de cómo funciona y lo que es: qué tipo de muebles usan, qué colores, qué espacios han elegido como oficina, con qué luz. ¿Son abiertos o por el contrario usan cubículos? ¿Existen oficinas o todo el mundo dispone de un espacio parecido? Ciertas maderas son señales de estatus, y no es extraño encontrar caoba y teca macizas en muchos corporativos antiguos, junto a mobiliario vetusto y accesorio, como fotografías enmarcadas o diplomas colgados de las paredes. El escritorio *Resolute* de la Casa Blanca, lugar habitual de fotografías para visitantes, está hecho con la madera de un barco abandonado que la reina Victoria regaló a los Estados Unidos en 1880. Aunque fumar está prohibido en la mayor parte de los países, uno puede oler el aroma a cigarro de un entorno así. Todo esto se contrapone a los diseños minimalistas de inspiración escandinava que sustituyen maderas macizas por aglomerados y sintéticos como la melanina, la fórmica o el PVC o incluso metales, dando una imagen de fábrica industrial. Ahí fuera, en el Nuevo Mundo *millennial*, se está siempre al acecho de espacios con amenidades y comida gratis. Todo esto el ojo lo capta, lo comprende y lo interioriza. Es cierto, reconocemos una empresa nada más entrar por la puerta. Aunque sea domingo y no haya nadie.

Con esto, se consigue que la aculturación[14] comience desde el primer instante.

---

[14] Proceso por el cual una persona o un grupo de ellas adquieren una nueva cultura.

¿Es siquiera posible el cambio cultural de una organización? El mismo concepto de cambio cultural en personas adultas es científicamente debatible: ¿hasta qué punto es capaz un mayor de edad de cambiar su forma de actuar? Existen diversos estudios psicológicos sobre cambios de comportamiento de migrantes en países de acogida. Steven J. Heine, autor de *Cultural Psychology*, escribió un interesante paper[8] en 2012 junto a dos de sus estudiantes, donde medía el nivel de aculturación de inmigrantes de Hong Kong en Canadá. Nada sorprendentemente, descubrieron que a partir de los 15 años la capacidad de adquirir la nueva cultura decrecía, y más especialmente a partir de los 25. «*La infancia es la patria*». Parece complicado que trabajadores en edad postuniversitaria con más de 4 o 5 años de experiencia adquieran fácilmente hábitos radicalmente distintos. Pero de la misma manera en que nos sacamos los zapatos antes de acceder a la casa de alguien en Japón, Alemania o Canadá, podemos acostumbrar nuestro cuerpo a adquirir nuevos comportamientos según lo que vemos alrededor. Otros estudios sobre la influencia de la aculturación en el comportamiento profesional de las personas indican que se modifican en edad adulta valores éticos profundos tras adaptarse a una nueva cultura, como lo estudiado por Jaffe, Kishnirovich y Tsimerman y publicado[9] por *Journal of Business Ethics* en noviembre de 2015.

Difícil, pero posible.

La cultura empresarial es un animal complejo. Los hábitos culturales están arraigados en las redes de personas y se refuerzan y fortalecen con el tiempo. Muchas redes de personas están caracterizadas precisa y exclusivamente por la cultura. Y en organizaciones lo suficientemente grandes, existen varias de estas redes —departamentos, áreas, grupos de amigos, los trabajadores más antiguos, etc.— Es decir, no existe una única cultura empresarial. Es por ello que podemos entenderla no como un elemento discontinuo sino como una serie de capas que moldean ciertos comportamientos. Cualquier empleado que alguna vez haya visitado una sucursal en una ciudad diferente dará fe: cómo se hacen allá las cosas difiere ligeramente a cómo se hacen aquí; en el departamento de IT suele ser distinto a cómo se hacen en Finanzas; a su vez todos los departamentos de IT son diferentes; e incluso dentro del mismo departamento es posible que coexistan el grupo de los innovadores y los de la vieja escuela. Cada umbral traspasado nos conduce a un planeta nuevo. La propia cultura nacional y regional influye con diversas intensidades. Pero la cultura dentro de equipos similares también puede sentirse muy diferente. ¿Quién conduce las discusiones? ¿Las personas se lanzan con ideas, esperan hasta el final, o usan el correo electrónico para dar sugerencias?

Las personas entran y salen continuamente de sus compañías. En promedio permanecen pocos años, y este promedio se va cada vez acortando más con las nuevas generaciones. Pero lejos de renovarse, la cultura es testaruda. Los novatos se suelen adaptar rápido a los malos hábitos. La cultura empresarial suele ser un ejemplo de profecía autocumplida: la gente que permanece más tiempo es precisamente la gente más afín a la cultura imperante y no viceversa. De modo que, como si de un simbionte o parásito se tratase, la cultura lucha por permanecer. Y normalmente lo consigue.

En lugar de abordar el rocoso problema de la transformación, para algunos la cultura comienza con el reclutamiento. En firmas como Amazon, reclutar es una responsabilidad global y se espera que cada empleado colabore encontrando al mejor talento para la compañía. Una vez dentro, una correcta comunicación de la misión y la visión ayuda. Ayuda contar con un liderazgo presente que no se encierra en su torre de cristal y debate codo a codo con cada miembro del equipo. Lo que se busca es una asimilación o integración que no vayan sucedidas, como en ocasiones ocurre, de la separación. Las naciones cuentan con gobiernos poderosos que ostentan el monopolio de la violencia, emiten leyes y pueden hacerlas cumplir. Aunque las organizaciones tienen órganos de gobierno y reglamentos, la realidad es que es mucho más sencillo para cualquiera cambiar de organización que de país, incluso en periodos de alto desempleo. Es por ello que la capa coercitiva de herramientas de gestión del cambio es frecuentemente desaconsejada.

Las organizaciones funcionan en muchos sentidos de forma similar a las naciones, por lo que las teorías sociológicas y antropológicas realizadas para etnias y sociedades más grandes también pueden aplicarse a menor escala en un edificio corporativo. Por ejemplo, las nuevas contrataciones habitualmente experimentan la llamada «paradoja del inmigrante»: los inmigrantes recientes superan a los ya establecidos y a los nacionales en algunos parámetros, pese a las difíciles barreras que deben superar. Las nuevas contrataciones entran con una fuerza y cultura vigorizantes, hasta que asimilan y se normalizan. La media de permanencia en una empresa no solo nos dice algo sobre su cultura, nos informa también sobre el rendimiento que podemos esperar en promedio de sus empleados. Los inmigrantes traen una mochila con ilusión y ganas. Los nuevos empleados, también.

Como las organizaciones se equiparan a las naciones en algunas facetas, podemos aprender de la teoría de los cuatro tipos de aculturación, *Fourfold Model* (Barry, 2006), y aplicarla a organizaciones privadas. Según esta teoría, existen cuatro formas de traspasar la cultura, también reconocidas en cuatro tipos distintos de cultura organizacional:

- la **asimilación**, que ocurre cuando las nuevas contrataciones adoptan la nueva cultura. En el caso de las naciones, esto es frecuentemente forzado por los gobiernos;
- la **separación**, que ocurre cuando los individuos rechazan la nueva cultura para mantener la propia. Esto ocurre tanto en contrataciones equivocadas como en falsas promesas acerca de la forma de funcionar de una organización;
- la **integración**, que ocurre cuando los individuos logran adaptarse perfectamente a la nueva cultura aún manteniendo la propia;
- y la **marginalización**, cuando el individuo rechaza tanto su cultura como la anfitriona.

Si has prestado atención, habrás observado que los individuos adoptan o rechazan, pero no son capaces de transferir su cultura a la nación recipiente, excepto en casos de migraciones numerosas y súbitas, por ejemplo la influencia italiana en Argentina. Pero eso es difícil de conseguir contratando gente nueva cuando la organización trae ya la suficiente inercia histórica. Es necesario algo más. Lo que se busca es una asimilación o una integración que no vayan sucedidas, como en ocasiones ocurre, de la separación.

En cualquier iniciativa de cambio, el trabajo de la gerencia consiste en descubrir cómo aprovechar los trazos culturales positivos de las personas afectadas por la transición para generar impulso y crear un cambio duradero. Las empresas que consiguen hacerlo, adoptando un enfoque de cambio «dirigido por la cultura», aumentan sustancialmente la velocidad, el éxito y la sostenibilidad de sus iniciativas de transformación.

Organizaciones que han conseguido capturar o diseñar estos trazos utilizan técnicas específicas de aculturación en el momento de recibir a nuevos empleados o miembros. Varias tienen programas de entrenamiento e inducción en los primeros días o semanas. Algunas asignan un mentor personal para que ayude en tareas sencillas como reconocer dónde está la impresora o cómo se solicita un viaje. Larry O'Toole hace correr a todos sus nuevos empleados alrededor del estadio de Harvard. Otras enseñan el lenguaje propio del entorno, que abarca desde la jerga y acrónimos propios de la industria a nombres de salas o de reuniones específicas. Mucha gente se siente avergonzada al principio de preguntar qué es un «XGB» bajo el supuesto de que están ignorando algo obvio, cuando en realidad es un acrónimo que me acabo de inventar mientras escribo. Es importante implantar este tipo de iniciativas para facilitar la asimilación de conocimiento propio de la organización en personas que acaban de llegar. El fit cultural es tan importante para tantas empresas, especialmente en el mundo anglosajón, que muchas declaran contratar más por actitud que por aptitud. *Skills can be trained, attitude can not.* Recíprocamente, una empresa con una cultura tóxica aniquilará la actitud de cualquier nueva contratación.

¿Por qué debe importarnos todo esto cuando hablamos de innovación? Porque el motivo por el que existen las organizaciones, más allá de ganar dinero, le importa a la gente. El comportamiento que ejerce tanto como entidad abstracta —la empresa— como individual —la cultura de sus empleados— le importa a la gente. Y, como hemos visto, es decisiva la actitud hacia la experimentación, la seguridad, el buen ambiente o la aceptación del error para poder innovar.

Las empresas pueden urdir maniobras útiles en el corto plazo para mejorar sus resultados: variar el precio, realizar promociones, publicidad, *lobbying*, etc. Esto típicamente generará transacciones que funcionarán una vez. No sirve para la lealtad ni recurrencia duraderas. El espejo de inspiración real son las organizaciones que no necesitan artimañas para vender sus productos.

La aculturación en una empresa es tan importante que traspasa los límites físicos de la misma hasta llegar a sus clientes. Algunos estudios han analizado el impacto de la adaptación cultural en la venta de productos. Los clientes compran no solo qué, también según quién está ofreciendo y qué trazos culturales proporciona esta empresa, independientemente de factores ligados intrínsecamente al producto. Un ejemplo son las empresas alimentarias occidentales adaptándose a las crecientes necesidades religiosas de su mercado local. Kentucky Fried Chicken decidió sacar una línea *halal* para musulmanes, otras empresas disponen líneas *kosher* dedicadas a judíos. Este tipo de innovación solo puede partir de gente con cierta sensibilidad a otro tipo de realidades, en este caso espirituales.

Cada mañana, la cultura se desayuna a la estrategia, decía Drucker. Comprar tecnología es sexi, fácil. Implantar sistemas no lo es tanto, pero es siempre preferible a implantar un nuevo chip en nuestras cabezas. Nos guste o no, la transformación digital tiene mucho más que ver con la transformación cultural que con la adopción de tecnología. Ciertas tecnologías ayudan, u obligan, a ser disciplinados, más estructurados con nuestros datos y procesos. Transparentan problemas y descubren cuellos de botellas. Pero en última estancia, el lobo estepario saldrá a flote. Si no tenemos el talento cultural necesario, no importa la inversión que hagamos en sistemas o en definir nuestro modelo de negocio.

Cambiar la cultura de una organización es uno de los desafíos de liderazgo más difíciles. Comprende un conjunto entrelazado de objetivos, roles, procesos, valores, prácticas de comunicación, actitudes y suposiciones. Estos elementos se unen y refuerzan mutuamente como un sistema y se combinan para evitar cualquier intento de cambiarlo. Es un ser vivo y palpitante. Es por eso que los cambios de solución única, como la introducción de metodologías ágiles o la gestión del conocimiento, o la compra de algún *software* que nos «ordene» la mente, son capaces de progresar por un tiempo. Pero la entraña de la cultura organizacional terminará por asumir el control y revertirá inexorablemente al estado preexistente.

La sociología y antropología nos enseñan que es posible modificar la cultura mediante prácticas y hábitos. Pero algo siempre resistirá: las agendas personales de los más influyentes en esa organización. Si ellos no quieren cambiar, la cultura nunca cambiará. Una rápida búsqueda en la bibliografía sobre gestión del cambio nos mostrará infinidad de referencias y artículos con el mismo consejo: empieza desde arriba. Muchos CEO de las mejores empresas suelen enviar directamente correos electrónicos a todos sus colaboradores, dando un trato personal y cercano a sus conversaciones, aunque sean por canal electrónico. Las personas son, por lo demás, extremadamente perspicaces para captar cuándo no hay correspondencia entre la cultura que está publicitando y la que ocurre en realidad. Falsos mensajes sobre el tipo de organización que estamos presenciando o el desinterés por cambiar el *statu quo* por parte de la gerencia serán rápidamente sentidos hasta el último extremo de la capilaridad.

Cambiar una cultura, si es que de verdad se desea, es una tarea a gran escala, y eventualmente muchas y distintas herramientas deberán ponerse en juego. Sin embargo, el orden en que se desplieguen tiene un impacto crítico en la probabilidad de éxito. Son necesarios unos pocos y sencillos pasos.

Primero, evalúa la cultura actual. Esto puede resultar difícil, por ser algo intangible, pero si es posible percibirla es posible describirla. Es importante ponerla sobre el papel para saber cuánto cambio se necesita. Cuando hablo de medir, me refiero a medir lo que los empleados creen que son los valores actuales de la organización. Hay que garantizar la participación de todas las partes interesadas en igualdad de condiciones. Esto se puede hacer mediante una encuesta y aprovechar para ampliar la participación a recibir ideas, propuestas y soluciones.

Segundo, define las prioridades de negocio: crecimiento, satisfacción de cliente, etc. Mide cuantitativamente tus valores culturales y piensa cómo se relacionan con los objetivos. ¿Necesitas proactividad e individualismo u obediencia y homogeneidad? ¿Qué dos departamentos necesitamos que funcionen en conjunto? Es preciso alinear cultura con estrategia. Estrategia con estructura. Estructura con cultura.

Tercero, es preciso reconsiderar algunas cosas: comités, presentaciones, etc. Cuando hablo de estructura, también me refiero a procedimientos y herramientas. ¿Son necesarios todos? ¿Es posible transformar un comité informativo en un cuadro de mando que nos mantenga informados en tiempo real? Ahora sí empezamos a pensar en tecnología: ¿qué tecnología nos permite ahorrarnos cosas innecesarias que aburren a la gente y la alejan de lo que queremos que hagan?

Cuarto, comunicar las conclusiones del análisis y demostrarlo frecuentemente. La cantidad de repeticiones necesarias para que un mensaje cale es colosal. Implementar los cambios, revisar constantemente.

Con esto termino. Es inútil extenderse demasiado hablando de la cultura. En cierto sentido, todas las técnicas que puedan explicarse se encuentran inermes frente a la voluntad. Cambiar la cultura es una cuestión de querer o no querer. Dejar de fumar lo es. Adelgazar, salvo complicaciones endocrinas, también. Igual que lo es el ponerse a estudiar en lugar de seguir viendo la televisión. Los parches de nicotina, las terapias de grupo, el deporte, una dieta adecuadamente prescrita y seguida... Todo esto ayuda, pero nada se compara a una voluntad férrea e irresistible por querer hacerlo. La implantación de sistemas nos disciplina a trabajar de cierta forma; la contratación de expertos externos; adoptar metodologías ágiles; seleccionar adecuadamente por actitudes y no por aptitudes. Todo esto ayuda enormemente. Pero nada se compara a la determinación. Nada funcionará si no existe el afán por alcanzar una cierta forma de ser y de actuar.

Al Pacino lo resume bien durante el discurso final de *Perfume de Mujer*: «*me he encontrado en una encrucijada varias veces en mi vida.*

Siempre supe cuál era el camino correcto. Sin excepción, yo lo sabía. Pero nunca lo tomé. ¿Saben por qué? Porque era demasiado difícil». En cierta manera, la mayor parte de las veces, sabemos lo que hay que hacer. Simplemente, no nos interesa.

El cliente como animal mitológico

La tecnología es fascinante. Sistemas de *software* capaces de hablarnos en lenguaje natural, comprendernos, incluso hacer bromas. Hay una aplicación para cada necesidad. Sin embargo, en ocasiones, la solución es algo infinitamente más simple que eso: consiste en hacer algo bonito. Con demasiada frecuencia se elude la belleza en el mundo corporativo. Se prefieren tediosas presentaciones con diseños infames, sobrepoblados de letras, con pocos indicadores cromáticos o visuales que nos apoyen a memorizar o comprender mejor. Usamos PowerPoint igual que usamos Word, salvo que con el lienzo colocado en posición horizontal. Vivimos con la sensación de que detrás de un Excel con sobrepeso hay un estricto análisis que no puede fallar; tras una diapositiva con 500 caracteres, un trabajo impecable que nos alivia la presión y nos asegura que lo que se está proponiendo es, sin duda, lo correcto.

En la realidad, nada de esto es cierto.

Varias pistas nos informan de que un diseño funcional y bello es esencial en todos los aspectos de nuestra vida, no solo en el producto final.

En el año 1998 una compañía de reciente creación llamada Google publicaba por primera vez su buscador. Hasta ese entonces, la mayor parte funcionaban con bases de datos que los propios administradores poblaban. Si uno construía su página web personal, necesitaba «avisar» a los buscadores de la época que su web existía. En mi primera web todavía existe un enlace a un agregador de buscadores y el mensaje: «Registra tu página en los buscadores con DEJAR HUELLA». La privacidad de la *world wide web* era otra cosa. Los pioneros, W3Catalog y Aliweb, funcionaban de esta manera. Y la mayor parte de los buscadores populares durante los noventa, como Lycos, Altavista o Infoseek, también, aunque cada uno innovó de alguna forma u otra. Yahoo!, fundada en 1994, comenzó siendo un directorio de webs, aunque rápidamente desarrolló su propia araña o *web crawler*. Son los robots que, paseándose por la gran telaraña, permiten a un buscador «descubrir» qué páginas nuevas están apareciendo sin necesidad de ser notificados. Google no desarrolló ni la primera araña ni el primer sistema de indexación, mérito de JumpStation en 1993. Ni siquiera fueron los primeros en producir un algoritmo de ordenación que clasificara las páginas web dentro de un índice ordenado por puntuación y unas reglas de importancia. Este mérito recae en Robin Li, quien desarrolló RankDex dos años antes de que Google pusiese en marcha PageRank, el algoritmo que los hizo famosos. RankDex es usado todavía hoy bajo el capó del buscador más usado en China, Baidu. Inspirados en el mundo académico, en donde los *papers* y autores más referenciados toman mayor importancia, ambos algoritmos asociaban la calidad o importancia de una web con el número de enlaces o hipervínculos que apuntasen hacia la misma. Algunas patentes de Google relacionadas con PageRank hacen de hecho referencia al trabajo previo de Li. Con PageRank, Google creció rápidamente, y es justo darle el crédito debido.

Pero hay un detalle más que separó a Google de Yahoo! en aquellos tiempos incipientes: el diseño de su página principal.

De la misma forma que los especialistas recomiendan limitar el número de palabras en una dispositiva de PowerPoint a menos de 10, Google mantuvo durante varios años una «política no escrita» que limitaba el número de palabras en su página de bienvenida. La de Google era simple, blanca y limpia como la nieve. Sencilla de utilizar. Simplemente te preguntaba qué querías y te lo encontraba. Sin más molestias.

Figura 18: portada de Yahoo! en 1999

La página de inicio de Yahoo comenzó como un directorio en el que había noticias, anuncios y otros enlaces, además de su buscador. Después del 2000 comenzó a ser cada vez más compleja, sucumbida a sus anunciantes. En 2004, había 255 enlaces en la página de inicio de Yahoo. *«No tenía nada que ver con el usuario, sino con lo que Yahoo quería que hiciera el usuario»*, dijo Tapan Bhat, vicepresidente en Yahoo, al Wall Street Journal, en julio de 2008. Yahoo! intentó reenfocarse. Hacia 2006 había alrededor de 170 enlaces en la página de inicio. En 2007 se redujo a aproximadamente 140, en 2008 a 120, y en 2009 a 100. No fue suficiente.

Nunca sabremos cuánto mérito es atribuible a los algoritmos internos de indexación. Y por supuesto la cultura interna de Yahoo! y de Google tienen su rol en esta historia. Pero parece claro que una cosa tan sencilla como el diseño de su página frontal tuvo un impacto directo en el éxito de ambas empresas.

Figura 19: portada de Google en 1999

Algo similar nos encontramos en el famosísimo discurso[10] de Steve Jobs en Stanford, en el año 2005:

«*Reed College en ese momento ofrecía quizás la mejor instrucción de caligrafía en el país. En todo el campus, cada cartel, cada etiqueta en cada cajón, estaban bellamente caligrafiados a mano. Debido a que me había salido de la universidad y no tenía que tomar clases normales, decidí tomar una de caligrafía para aprender cómo hacerlo. Aprendí sobre los tipos de letra con y sin serifa, sobre cómo variar la cantidad de espacio entre las diferentes combinaciones de letras, sobre lo que hace que un tipo de letra sea genial. (...) Si nunca hubiese ingresado a esa clase de caligrafía, los ordenadores personales podrían no tener la maravillosa tipografía que tienen*».

Apple fue mucho más allá de la tipografía: introdujo a nivel comercial y personal la primera interfaz gráfica por ventanas e iconos el 19 de enero de 1983 —inspirada en una previa de Xerox que no llegó a ver la luz—.

Figura 20: Lisa fue el primer ordenador personal con interfaz gráfica.

¿Qué tuvieron en común Google y Apple? Simplemente pensaron en lo que el cliente necesitaba. La importancia del diseño es solo una de las facetas que separan a las organizaciones que se preocupan por sus clientes y las que los tratan como animales mitológicos inexistentes. Si «transformación digital» es un término manido, no menos lo es la expresión *customer centricity* o «poner al cliente en el centro». Todas las empresas claman hacerlo, francamente pocas lo hacen. En la manera en la que se toman decisiones en muchas empresas, raramente aparece el cliente: comités, pasillos, reuniones informales, convenciones de accionistas, etc.

Disponemos de tres fuentes para obtener información de lo que el cliente realmente quiere:

- Nuestros propios **empleados**, quienes, por supuesto, son en muchos casos también clientes. Una correcta gestión del conocimiento interno puede ser muy útil, así como sesiones internas de ideación, descubrimiento y *design thinking*.
- Los **clientes**. Esto resulta obvio, pero en pocas empresas se suele involucrar a clientes de verdad en las sesiones. *Focus groups*, entrevistas, encuestas cualitativas, son una buena forma de entender sus necesidades.
- Los **datos**. Nada habla más de uno que sus propias acciones.

No necesitaremos tener delante al cliente si podemos describir su comportamiento. Nuestros clientes generan datos de muchas maneras y podemos analizarlos.

Aprender a escuchar al cliente nos permitirá no solo adaptar partes de nuestra oferta, como el diseño, sino también ser capaces de girar radicalmente el timón hacia aguas mejores. Veamos algunos ejemplos.

«¿Qué está haciendo esta compañía para hacer convincente su oferta? ¿Cómo se sienten sus accionistas acerca de proyectos paralelos como Twttr cuando su línea de productos principal es, aparte del excelente diseño, un completo tostón?»

Esta fue una de las primeras críticas[11] que recibió en *TechCrunch* un proyecto experimental y paralelo al negocio principal de la empresa Odeo, en 2006. Su nombre twttr se rebautizó muy poco tiempo después a Twitter. Quienes escucharon los consejos de *TechCrunch* se perdieron una de las mayores oportunidades de inversión de la década. A modo de curiosidad, la *app* de pruebas piloto de Twitter, en donde se experimenta con nuevos ambientes, se llama también twttr[12]. Flickr, uno de los mayores servidores de imágenes de la primera década, comenzó siendo una sala de chat para juego online llamado *Game Neverending* en donde se podían compartir fotos en tiempo real. Poco después se olvidaron del juego, ampliaron la capacidad y opciones de carga de fotos y enterraron la sala de chat. Groupon empezó siendo una especie de change.org en donde activistas con causas similares se conectaban, llamada The Point.

Eric Ries se dio cuenta de que las *startups* gestionaban sus escasos recursos de manera mucho más eficiente que las grandes organizaciones y comenzó el movimiento *Lean*. La tesis central de Ries es que las *startups* no provienen de ideas geniales que las convierten en unicornios de la noche a la mañana, sino que son fruto de un proceso, raro de encontrar entre las grandes empresas, de probar y aprender constantemente lo que demanda el mercado. Dicho de otra forma, las *startups* resuelven el dilema del innovador de una forma sencilla: no tienen demasiados productos que mejorar incrementalmente, así que han desarrollado una capacidad única para la innovación disruptiva, mediante la prueba y el error constantes. Normalmente, las organizaciones grandes hacen un estudio de mercado, luego generan un plan estratégico en torno a una idea y entregan un producto. Esto asume que se sabe exactamente lo que requiere el mercado, lo cual no es cierto en muchas ocasiones. Las *startups*, en cambio, realizan un proceso de prueba y error constante, y en muchas ocasiones, se acaban por convertir en algo completamente distinto para las que fueron concebidas en primera instancia. Como Twitter, Flickr y Groupon.

Este fenómeno es antiguo y no ligado exclusivamente a las *startups*: Nokia empezó talando árboles y produciendo papel, 3M era una compañía minera, que todavía conserva su nombre original intacto: Compañía Minera y Manufacturera de Minesota. Tres emes. Nintendo producía juegos de cartas. Son todas empresas antiguas que, si han sobrevivido, ha sido porque han sabido saltar de negocio, escuchando lo que el cliente demandaba.

Agile

8

«Yo la salsa me la como, no la toco. Se la echo al espagueti»
—Tito Puente, 1923-2000

Estamos en la televisión nacional del Perú, años noventa, y Tito Puente, el rey de timbal, pelo cano, septuagenario pero con el fulgor intacto en los ojos, responde así frente a la atónita periodista que le ha pedido, unos segundos antes, que describa lo que es la salsa, el estilo musical.

La salsa, efectivamente, no existe. El término ha arrastrado polémica durante décadas antes de asentarse en el habla popular. Es un vocablo comercial, que data probablemente de los años 60 y que se fraguó en Nueva York, aunque la primera referencia se registra en la radio de Venezuela. Esta voz aglomera ritmos de origen cubano, caribeño y africano. Existe, por ejemplo, el guagancó, que tiene un patrón rítmico definido, así como la rumba, el son montuno o el chachachá. Algo similar podríamos decir del flamenco, no un estilo como tal, sino un conjunto de «palos»: alegrías, bulerías, seguiriyas, sevillanas, fandangos, etc.

Igual que la salsa o el flamenco, *Agile* es un sustantivo colectivo. Un paraguas que reúne metodologías y técnicas con una filosofía subyacente común. Una metodología es simplemente un conjunto de reglas y pasos. Lo que define *Agile* es su sabiduría subterránea, las lecciones aprendidas. Ya sea que hablemos de XP, FDD, Crystal, o incluso Design Thinking, en todas encontramos rasgos comunes. Todas suenan parecido.

Se suele decir que el movimiento ágil comenzó en 2001, con la publicación de un manifiesto todavía hoy consultable en su estado original en internet[1]. En él, un grupo de desarrolladores de *software* exponían sus opiniones y valores acerca de cómo se debía escribir código. Sin embargo, *Lean* o la metodología *Scrum* son previas al manifiesto. Todas parten de una crítica común a la forma de hacer las cosas imperante durante el siglo pasado, que no tiene por qué limitarse a la elaboración de *software*. En estos últimos años, *Agile* se ha puesto de moda en todas las industrias y en todas partes fuera del área de la informática. El uso de metodologías ágiles es ahora una especie de «obligación» en proyectos internos de empresas que quieren transformarse y un requisito ineludible para sus proveedores.

¿Alguna vez has planificado algo complejo y con mucha antelación y todo ha salido exactamente como habías previsto? Quizá nunca. Yo no consigo planificar ni mi día siguiente con exactitud. La más importante falla que vieron los pioneros de *Agile* en las formas de trabajo tradicionales fue la manera en que se planificaban los proyectos. Normalmente atacamos un problema de forma secuencial: analizando, planeando, diseñando, implementando, probando y pasándolo a producción. Es la forma intuitiva y con la que nos han educado en el colegio. Hacer todo bien desde el principio, fijándonos en que no haya ningún error antes de entregar la tarea. Se percibe la influencia del taylorismo. Irreal, por varias razones, sobre todo cuando hablamos de productos comercializables o cualquier cosa que vaya a utilizar otra gente: no sabemos qué quieren exactamente, ni lo que les gusta, ni podemos entender sus necesidades escribiendo requerimientos en una hoja de papel. Y si las escribimos, suelen cambiar al poco tiempo.

Esto lo entendieron muy bien los ingenieros de *software* del manifiesto. Habían seguido durante años un proceso general de desarrollo llamado en cascada, o *waterfall*, en que cada fase iba desencadenando la siguiente, de ahí su nombre. Primero se hacía una toma de requisitos en documentos formales, luego se diseñaba la arquitectura de *software*, se escribía el código, se probaba unitariamente cada pieza, luego todo el conjunto, y finalmente se ponía en producción. Todo este proceso podía durar meses. El problema llegaba cuando a mitad del proceso, el desarrollador empezaba a tomar decisiones «por su cuenta», bien porque fuese imposible contactar con el cliente, bien porque le parecía más razonable así, bien porque la comunicación de necesidades no había sido adecuada. Al llegar el despliegue, o en el mejor caso las pruebas, el cliente recibía un *software* que no tenía que ver con lo que había solicitado. El efecto contrario era todavía más común: el cliente cambiaba de opinión a mitad de proceso. Al llevar un protocolo lineal eso suponía volver al inicio, a rehacer los documentos técnicos de toma de requisitos.

Se comprobó que todo esto era un desastre y que se necesitaba cambiar la forma de trabajar. Así se empezó a dibujar en las mentes de los pioneros los pilares fundamentales sobre los que se cimentó el manifiesto. Son cuatro, pero a mí me gusta agruparlos en dos parejas que guardan cierta relación:

1) La necesidad de **tener interacciones cara a cara** entre clientes, desarrolladores y resto de personas involucradas en el proyecto. Los procesos y herramientas de comunicación eran necesarios y útiles, pero nada podía suplir la interacción humana. Los conflictos se suelen resolver mejor en persona. Por correo o chat la gente tiende a ser más hiriente y directa, incluso involuntariamente, porque el tono y el lenguaje corporal se ausentan en conversaciones escritas. Si alguna vez has estado en una conversación por chat cuya tensión ha ido escalando para posteriormente resolverse en un par de minutos en persona, sabes de lo que estoy hablando. ¿Recuerdas el problema de la comunicación en las pirámides verticales? De la misma forma, **colaborar con el cliente directamente es mejor que negociar un contrato**. Mantener el contacto humano, sea con el equipo de trabajo o con quienes vayan a usar el producto, es siempre preferible a tener una hoja de papel escrita con lo que hay que hacer.

2) **Aceptar que el entorno es cada vez más dinámico** y que por tanto es mejor tener flexibilidad antes que seguir un plan al pie de la letra. **Entregar valor**, es decir algo que funcione, **antes que preocuparse por finalizar la documentación**, lo que sucedía en los métodos en cascada. Cuando llegaba un cambio, se debían modificar todos los documentos. Así que mejor hacerlo en paralelo, mientras se va entregando código

utilizable. Evitamos documentar cada paso en pos de ir avanzando lo antes posible en el proyecto, porque sabemos que las condiciones pueden cambiar.

Frente a los trabajos lineales en cascada, las metodologías ágiles proponen un crecimiento iterativo, en pequeños incrementos de valor. Dicho técnicamente: materializan el ciclo de Deming —planear, hacer, comprobar, actuar— en porciones breves de tiempo. Lo que caracteriza estas metodologías es la rapidez con que entregan versiones simples del producto que se van complementando y haciendo cada vez más complejas en espacios cortos de tiempo, hasta finalizar. Esto incrementa la visibilidad, ya que no esperamos hasta el último instante para ver el producto final. En el mundo del *software* en particular, y de los proyectos intangibles en general, el manifiesto ágil ha tenido mucha aceptación y no son pocas las metodologías que han implantado sus valores, siendo Extreme Programming, TDD, FDD y, sobre todo, Scrum, las más comunes. Scrum, como ya hemos mencionado, es incluso previa al manifiesto.

Manifesto for Agile Software Development

We are uncovering better ways of developing software by doing it and helping others do it. Through this work we have come to value:

Individuals and interactions over processes and tools
Working software over comprehensive documentation
Customer collaboration over contract negotiation
Responding to change over following a plan

That is, while there is value in the items on the right, we value the items on the left more.

Figura 21: el manifiesto ágil original.

Esto no significa que *Agile* solamente sirva para proyectos de desarrollo, es decir, para crear cosas nuevas. Otros teóricos de la gestión descubrieron los mismos errores en las mismas empresas, pero decidieron enfocarse en la operación continua. Dos ejemplos claros son *Lean Management* y *Kanban*.

Lean Management nos ayuda a poner en marcha una estrategia en organizaciones grandes interesadas en perfeccionar su proceso de mejora continua. Es un modelo antiguo, que ha empezado a denominarse *lean* a partir de los 90, pero que proviene de la forma en que Toyota trabajaba décadas antes. Los objetivos principales de Toyota eran reducir o eliminar la sobrecarga, *muri* en japonés, la inconsistencia, *mura*, y el desperdicio, *muda*. Definieron ocho tipos de *muda*: desperdicio por sobreproducción, tiempo de espera entre procesos productivos —es decir, gente esperando a que termine el anterior en la cadena—, en la logística, de procesamiento, de existencias almacenadas, de movimiento en la cadena productiva, por fabricación de productos defectuosos y de trabajadores subutilizados. Toyota publicó una descripción oficial de su sistema en 1992, actualizada en 1998 y consultable públicamente[2]. El documento nos previene de que no se trata de un manual sobre cómo hacer las cosas, sino una exposición de su concepto y filosofía de la producción. Al igual que el manifiesto ágil, describe una serie de valores preferidos, en particular dos: el *just-in-time*, o producir solo lo que se necesita, en el momento en que se necesita; y el *jidoka*, que describe un tipo de automatización inteligente y asistida en el que los humanos se limitan a operaciones de control de calidad.

Para *just-in-time*, o «justo a tiempo», Toyota desarrolla en la década de los 40 el sistema *kanban*. Es concebido como un sistema de programación de tareas para su manufactura. Parte de una premisa: los retrasos se producen debido a una oferta excesiva o insuficiente de recursos necesarios para completar cada proceso en cada momento. En otras palabras, nunca tenemos a la cantidad de personas adecuada en cada instante para realizar el trabajo. ¿Por qué? Falta de comunicación, silos, estructuras rígidas que no permiten el flujo de personal entre ellos. «Este trabajador está a mi cargo y no al tuyo». Justo lo que hablábamos en la sección «Pirámides verticales».

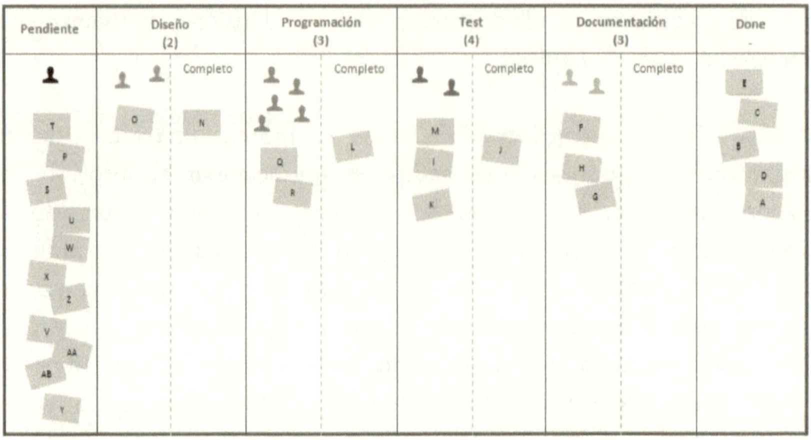

Pendiente	Diseño (2)		Programación (3)		Test (4)		Documentación (3)		Done
		Completo		Completo		Completo		Completo	

Figura 22: trabajando sobre un tablero *kanban*.

¿La solución? Visualizar el flujo completo y ser capaz de rebalancear o atacar los cuellos de botella, ayudando a quien haga falta para ello. De esta forma se consigue ser más productivo con menos tiempo de espera. Curiosamente, *kanban* se ha expandido en los últimos años a todas las industrias, incluida la de desarrollo de *software*, caminando la senda opuesta a otras metodologías, que han ido desde el *software* hacia todo lo demás.

Kanban es por tanto una forma visual de gestionar tareas y flujos de trabajo. Lo consigue mediante un tablero, físico o digital, y un conjunto de tarjetas o post-it que se colocan sobre él. *Kanban* significa precisamente «signo» o «cartel», la palabra la componen dos vocablos: 看, «mirar», y 板, «tablero».

Cada tarjeta o post-it representa una tarea dentro del tablero y proporciona información: su nombre, una breve descripción, su duración o fecha límite, y el beneficio, importancia o valor de esa tarea. La tarjeta se le asignará a un miembro del grupo, que será responsable de llevarla a cabo antes de la fecha límite. Las columnas en el tablero nos permiten diferenciar las diferentes etapas del proceso. En los encabezados estará el nombre de la fase, por ejemplo «corrección de comentarios» y unas políticas que permiten saber cuándo una tarea se ha completado. Por ejemplo:

- Todos los comentarios han sido corregidos por el ingeniero.
- El documento ha sido enviado al responsable técnico.

La tarjeta podría entonces pasar a una siguiente columna, «en revisión de responsable».

Cada columna debe tener un número de recursos asignados por defecto —podría ser el número de personas de ese departamento— y de recursos asignados en ese momento. Los números coincidirán normalmente, salvo en caso de sobrecarga de una actividad o de cuellos de botella.

Las tarjetas se van pegando bajo los encabezados de las columnas y se arrastran a la siguiente columna a la derecha para indicar dónde se encuentran en el ciclo de producción. Lo ideal es que los tableros se adapten y diseñen para cada flujo de trabajo, aunque muchas veces se usa un tablero simplificado que se divide en solo tres partes: «por hacer», «en curso» y «completado». Nada más. Con cuadros así de sencillos también se obtienen resultados.

En el ejemplo de la figura 22 vemos uno un poco más elaborado, para el proceso de desarrollo de un *software*. Tenemos seis etapas: pendiente por hacer, en diseño, programando, probando, documentando y finalizado. Y veintiocho tareas. Los iconos nos muestran la cantidad máxima de personas que tenemos en cada departamento —analistas, desarrolladores, *testers*— y qué personas están trabajando en cada tarea. Se aprecia que ha habido un rebalanceo de recursos: alguien está fuera de la oficina —en pendiente—, dos están haciendo análisis, cinco programando, dos probando y dos documentando, mientras la distribución por defecto —escrita entre paréntesis— es de dos diseñadores, tres programadores, dos *testers*, tres documentadores. Este intercambio de asignaciones no siempre es posible en todas las industrias, pero refleja la filosofía ágil de poder tener gente con diferentes habilidades trabajando en diferentes cosas.

La visualización del flujo mediante columnas y tarjetas mejora la eficiencia y evita el exceso de capacidad, ya que se imponen limitaciones al número de tareas colocadas en las diferentes etapas. Por eso cada etapa tiene dos columnas: «en construcción», donde se indican los recursos dedicados, y «completo». De una columna «completo» no se puede saltar directamente a la siguiente fase «en construcción», pues debe existir antes capacidad para ello. Y ahí estriba una de las claves de *kanban*: no sobrecargar a los equipos. De esta forma, ayuda a limitar el número de tareas de un trabajo en curso, por lo que los equipos pueden concentrarse sólo en esas tareas y trabajar más rápido.

Los equipos disfrutan este sistema debido a su facilidad de uso, interfaz visual y la capacidad de ver en qué está trabajando todo el mundo. También proporciona información sobre el progreso de la tarea y si alguna interrumpe el proyecto. Ahora que hemos visto muy brevemente cómo funciona un tablero, puedes volver a la imagen y tener, en un par de segundos, una buena idea de lo que está pasando: porcentaje de avance, dónde están los cuellos de botella, qué departamentos necesitan ayuda, a qué ritmo se está entregando. Los beneficios son innumerables. El tablero coloca todo el proceso en una sola página o pantalla, lo que facilita ver quién está trabajando en qué y dónde se encuentra en el ciclo del proyecto. Eso mantiene el trabajo en progreso con menos interrupciones. El equipo puede centrarse en las tareas que se requieren inmediatamente, por lo que aumenta la eficiencia del flujo completo. Los gerentes de proyecto pueden asignar trabajo cuando un miembro del equipo está inactivo, y los miembros del equipo siempre tienen trabajo que hacer. Cuando una tarea se bloquea por cualquier motivo, se habilita una columna especial para ello —en el ejemplo de la imagen no aparece—. En resumen: este proceso facilita el movimiento suave del trabajo, evitando las retenciones y la sobrecarga de tareas.

El tablero *kanban* forma parte de una metodología más grande que es necesario estudiar en detalle. No solo ayuda a visualizar el flujo de trabajo, sirve para gestionar la cadena de valor o proceso de cualquier sistema de producción, desde el proveedor hasta el cliente final y todos los puntos entre ellos. Por ello, además, *kanban* no puede ser una herramienta aislada, sino que debe monitorear constantemente su proceso. Siempre se debe estar buscando mejoras para aumentar la eficiencia y mantener los recursos equilibrados con las necesidades de producción. Mejora continua.

Siento que en los países hispanohablantes, *kanban* es una herramienta desaprovechada. Raramente he visto tableros más complejos que los de tres columnas. Me gustaría ver departamentos enteros implementando sus flujos completos o, mejor aún, procesos interdepartamentales. Es ahí donde se explota su verdadero potencial y donde mejor se aprovechan sus virtudes.

Agilidad empresarial

¿Por qué las adopciones ágiles fallan en muchas organizaciones? Creo que los motivos se pueden resumir en dos grandes familias: querer mantener el control a toda costa; y la coexistencia de la agilidad con prácticas tradicionales. Veamos ambas.

Cuando en el capítulo «Barreras comunes» insistía en la necesidad de creerse lo que estamos haciendo, en la necesidad de que el cuerpo directivo esté convencido y en evitar querer implantar cosas que no vayan con nuestra forma de pensar, lo hacía con buenas razones. ¿A qué me refiero, de forma más específica? Tomemos un ejemplo pequeño y concreto: los gráficos de Gantt, un clásico de la gestión de proyectos.

Existen dos motivos principales por los que su aportación es limitada.

Uno, su antigüedad. Se inventaron en 1910. Son, por tanto, previos a la Primera Guerra Mundial —de hecho, se popularizaron durante esa época—. No por el simple hecho de ser antiguo es descartable, pero desde 1910 hasta hoy algunas cosas importantes han cambiado, como la rapidez a la que suceden y se comunican los acontecimientos. Recuerda el cuarto valor del Manifiesto Ágil: «responder al cambio sobre seguir un plan». Los planes cambian muy rápido y los Gantt, que provienen de una época donde todo se movía más despacio, son castillos que se edifican sobre el vacío en el largo plazo.

El segundo motivo tiene que ver con la forma en que se gestionan los proyectos: los proyectos, de hecho, no se gestionan. Se gestiona la gente que participan en ellos. En Microsoft Project, por ejemplo, las personas son literalmente un recurso más. Ciertas preguntas no se responden: ¿en qué están trabajando todos en su equipo? ¿Quién está ocupado y quién no? Por eso sistemas como *kanban* visualizan cada tarea, de cada persona, en cada instante del tiempo. Esto no ocurre con los gráficos de Gantt.

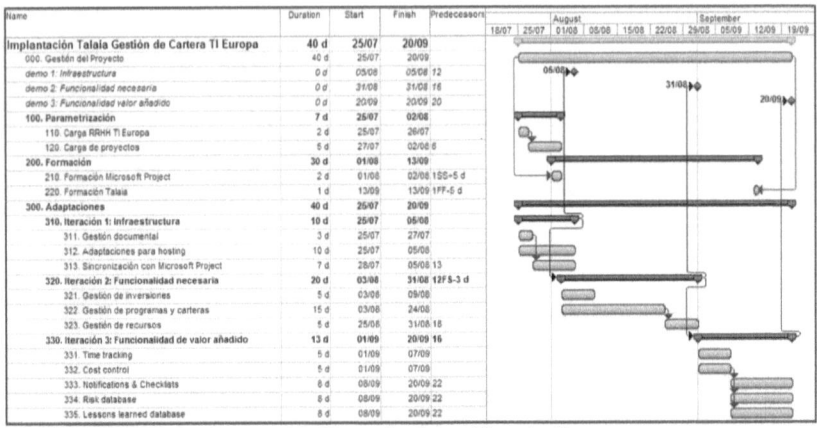

Figura 23: Ejemplo de gráfico de Gantt

Lo que la mentalidad ágil trata de inculcar es claro y conciso: establecer objetivos a corto plazo y atacar pequeños trozos de trabajo en períodos de tiempo limitados; involucrar al cliente desde el principio; promover el cara a cara, la apertura, el empoderamiento de los equipos; estar dispuesto a fracasar, no intentar ser perfecto a la primera; hacerlo sencillo. Puedes usar un diagrama de Gantt como herramienta de apoyo. Pero si realmente te preocupa el diagrama de Gantt, si comienzas a orientar la discusión hacia la fecha del tercer entregable de dentro de ocho meses, entonces no estás siendo ágil. Si no confías en tus trabajadores, podemos usar Scrum como metodología y vender que somos ágiles. Pero no lo somos. Los diagramas de Gantt son una magnífica herramienta de visualización para muchos propósitos, extremadamente útiles hasta el momento en que pasan a ser considerados más que eso. Desafortunadamente, se los toma como una especie de Ley Inmutable de cómo irán las cosas en el proyecto.

En relación a la planificación, muchas metodologías ágiles usan mecanismos de planificación que sorprenden un poco. Por ejemplo, cartas en sucesión de Fibonacci —1, 2, 3, 5, 8, 13...— que se esconden en una especie de partida de póker. ¿Por qué se estima de esta forma tan estrafalaria? Todo tiene una base científica. Se hace así por la misma razón por la que fallamos con las planificaciones largas: los seres humanos somos pésimos evaluando cantidades absolutas y duraciones a largo plazo. Por eso nos cuesta trabajo asignarle una cantidad de trabajo, sin más, a una tarea. Sin embargo, sí somos buenos apreciando por comparación. Se nos dificulta saber cuánto mide un objeto — algunas personas con Asperger son precisas dando magnitudes—; empero, podemos ver que un objeto es más grande que otro. En la música sucede igual: la mayor parte de las personas —incluso muchos profesionales— cantan «de oído». Es decir, por referencia. Antes de empezar a cantar solicitan el tono inicial —que normalmente coincide con la tonalidad sobre la que se va a interpretar una canción— y desde ahí se guían por distancias entre tonos y semitonos. Escasísimas personas son capaces de escuchar una frecuencia aislada e interpretar que ese sonido es un sol bemol 4. A esto se le llama «oído absoluto». Muy pocos humanos tienen oído absoluto, ni vista absoluta, ni nada absoluto: lo normal es que seamos absolutamente torpes a la hora de estimar magnitudes.

Los clásicos planes a largo plazo fallan también por otra razón de sobra conocida, pero raramente admitida: se suelen fabricar sobre los números del año anterior, incrementando las cifras por un coeficiente, dejando que el pasado influya en nuestra visión del futuro y, sobre todo, siendo inflexibles a la actualización, sin importar lo que esté pasando ahí fuera. Esta forma de planificar y grabar en piedra penaliza la innovación, por algo que se conoce como «pensamiento marginal». Ante una decisión de inversión, si se debe elegir entre algo sin un pasado trazable —nuevo— o algo que tiene una tendencia de ingreso visible —opción continuista—, la segunda opción ganará siempre. La segunda opción suele tener sus costes fijos cubiertos, por lo que la inversión se cubre gracias a ganancias marginales previas. Una decisión de inversión con poco riesgo aparente para el que la ejecuta. El problema es que este tipo de decisiones, tomadas de forma continuada durante el tiempo suficiente, desemboca en una situación donde solo se tiene una o pocas vías de escape. En cambio, para los competidores, en especial los de nueva entrada, la primera opción es la única posible —y, como hemos visto, sus costes de entrada se hacen cada vez más y más pequeños—. De ahí, la disrupción.

¿Cómo es, en cambio, una cultura empresarial ágil? Comienza con una base de confianza. Las personas tienen libertad para inventar y explorar soluciones de forma independiente. No se acaba el mundo si algo falla. Se alienta el fracaso y el aprendizaje sobre el error, porque la experimentación y el fracaso son prerrequisitos para la innovación. Para que esto pueda darse y funcionar, se debe bajar el centro de gravedad de la mayor cantidad posible de decisiones al nivel más bajo de la organización. Si las personas sienten ese poder y esa responsabilidad, si sienten que pueden hacer lo que consideran mejor para la empresa, se apropiarán como suyos de sus productos.

Sin esta precondición, una empresa no puede volverse ágil, simplemente implementando Scrum, o el método que sea.

Si la gerencia espera que las metodologías ágiles resuelvan todos sus problemas, se convertirá en una gran decepción. *Agile* es un movimiento y un conjunto de métodos que nos empujan a cambiar nuestra mentalidad. Debemos mantener la coherencia entre lo que hacemos y lo que pensamos, y sostener estas dos dimensiones sincronizadas a medida que avanzamos. Muchas organizaciones ignoran esto. La gestión jerárquica y el *micromanagement* acaban por prevalecer. La adicción a los planes a largo plazo no cesa. La influencia del propietario del producto —*product owner*— se limita enormemente. Cuando algo sale mal, la gerencia requiere una explicación y busca desesperadamente un responsable. Ningún marco de trabajo puede arreglar esto por sí mismo.

Junto a esta vieja cultura corporativa, persiste también la tradicional gestión de presupuestos. Se asigna capital anualmente, por departamento, y en general de forma inmutable. En el mejor de los escenarios, un caso de negocio imprevisto se aprueba cuando se consigue convencer a la gerencia de que obtendrá un buen retorno sobre la inversión a tres o cinco años. Lo estándar todavía es solicitar entregas en cierto tiempo y dentro de cierto presupuesto, ambos fijos. Conseguir presupuesto para ampliaciones es difícil dentro del mismo ejercicio económico, incluso si se han cumplido todos los plazos y entregas previamente. El alcance del proyecto queda predefinido y se materializa en un producto esperado que la gerencia tiene en mente, sin preguntarle antes al cliente qué opina. Más adelante, la presión aumentará cuando la fecha límite ya no sea factible por culpa de los cambios a mitad de proyecto.

Bajo este esquema, la maleabilidad propia de los proyectos ágiles se vuelve imposible.

Los proyectos ágiles invierten la ecuación. En lugar de tener un alcance fijo, al que los recursos y el plan se van adaptando, se mantienen estables un equipo de trabajo y un ritmo de entregas, dejando abierto el alcance y, por consiguiente, el coste final:

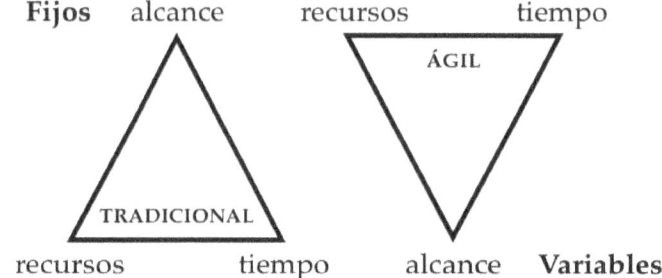

Figura 24: cómo los proyectos ágiles y tradicionales tratan la clásica triple restricción de la gestión de proyectos.

La combinación de metodologías en cascada y ágiles crea una coyuntura que es aún menos eficiente y efectiva que el escenario anterior. Este fenómeno se conoce como *water-scrum-fall*: encajar Scrum en una empresa que piensa en cascada. Firmas que funcionan con procesos lineales y largos comienzan a «incrustar» equipos ágiles dentro de esa misma organización.

Resumiendo: tenemos presupuestos asignados una vez al año. Procesos de aprobación de proyectos por etapas, que requieren un estudio financiero previo, que debe ser aceptado en un comité que se reúne, digamos, cada trimestre. Procesos de compra que siguen tiempos y realidades distintas y paralelas a los equipos de trabajo. Oficinas de proyectos que gestionan equipos trabajando en cascada y ágil al mismo tiempo.

En este contexto, poco importa tener un desarrollo ágil si antes o después para desplegarlo o pasarlo a producción o a venta se requieren meses. Este es el segundo gran problema de las adopciones ágiles por parte de grandes empresas.

Por eso, desde hace algunos años, se han empezado a poner de moda marcos de escalado de *Agile* para grandes corporaciones. Estos marcos entregan una serie de pautas para conseguir pasar de equipos inconexos a organizaciones que funcionan de forma ágil en conjunto. Nos arman con protocolos para agrupar proyectos en programas; asignarles un patrocinador, presupuesto y personal; decidir de manera objetiva qué proyectos son mejores; mejorar la comunicación estratégica entre áreas; y un largo etcétera. La mayor parte cuenta con una sesión de *inception*: una fase corta de preparación antes de comenzar a desarrollar. En ella se definen requisitos, responsables y se planifican las entregas. Aunque no queramos adoptar completamente un marco, «robar» ciertos artefactos puede ser buena idea.

La mayoría son marcos descriptivos, describen lo que se debería hacer, en contraposición a prescritivos, que muestran exactamente cómo se debe hacer, documentados al milímetro. Puede ser un punto de apoyo si eres de las personas que cocinas siguiendo la receta punto por punto y gramo por gramo. Veamos algunos ejemplos.

El marco DAD (*Disciplined Agile Delivery*) es un marco híbrido creado por antiguos trabajadores de IBM. Combina prácticas extraídas de varias metodologías, principalmente Scrum, XP, Kanban y Lean, pero añadiendo la particularidad de incluir conceptos asociados a la disciplina de DevOps para la entrega y despliegue continuo. ¿Qué es DevOps? Para entendernos, es *Agile* aplicado a la relación entre el departamento de desarrollo y el departamento de operaciones. De ahí su nombre, *development* y *operations*, en inglés. La principal misión de DevOps es automatizar y monitorear todos los pasos de la construcción del *software*, las pruebas y el despliegue hasta la implementación y la administración de la infraestructura. Para ello, introduce varios conceptos de *Agile*, como ciclos de desarrollo más cortos, mayor frecuencia de implementación, estrecha alineación con los objetivos comerciales, etc.

LeSS, acrónimo inglés de «Scrum a gran escala», es literalmente lo que publicita: llevar las actividades de un equipo Scrum hasta el nivel de «equipo de equipos». LeSS asume que existen proyectos trabajando en temas similares —programas— y toma un representante de cada uno de ellos para formar «equipos de sincronización» que siguen varias de las ceremonias de Scrum, como las *daily standup* o las retrospectivas. Como si fueran un grupo normal y corriente, pero con el objetivo de mantener unificados los criterios de cada uno de los proyectos. Y de ahí a toda la organización. Dentro de las opciones es de los marcos más flexibles y sencillos.

En el lado opuesto nos encontramos con el marco SAFe, una base de conocimiento libre para la aplicación de mejores prácticas de Lean Management y *Agile* con patrones probados por sus autores y renovados frecuentemente —sigue un sistema de versiones, como el *software*, en el momento de escribir este libro van por la versión 5.0—. Es gratis. Esto quiere decir que todo el conocimiento está disponible en su web, aunque pago mediante es posible adquirir el libro, certificarse o buscar ayuda experta. Algo muy interesante de SAFe es que proporciona varios niveles en los que se puede aplicar sus prácticas:

- un nivel para los equipos, que permite aglomerar varios grupos trabajando bajo Scrum o XP de forma ordenada;
- un nivel superior de Programa donde los esfuerzos de múltiples equipos ágiles se integran para ofrecer valor a la empresa en un *Agile Release Train*, o ART;
- un nivel de Portafolio, donde los programas se alinean con las estrategias del negocio y su intención de inversión y empiezan a aparecer conceptos como el presupuesto ágil;
- y finalmente un nivel de Flujo de Valor donde se orquestan la entrega de valor de distintos *Agile Release Train*.

¿Cuál es el mejor? Siempre depende. Se puede «robar» de varios.

Si en tu organización no han oído hablar nunca de agilidad, no te preocupes. No es demasiado tarde. Las encuestas demuestran que la adopción de *Agile* no empezó a ser realmente importante a nivel corporativo hasta después del año 2010. Pero es algo que se debería tomar en consideración. Decenas de estudios estadísticos demuestran que *Agile* mejora la calidad, la rapidez y el ajuste a mercado del producto, y evita el fracaso de muchos proyectos y el correspondiente gasto asociado.

Solo se deben tener en consideración los dos problemas explicados en estas páginas. Ser ágil a nivel organización no significa tener muchos equipos trabajando con metodologías, significa realmente reconvertirse en el plano organizativo, desde el modo en que planeamos, cómo invertimos en nuestros proyectos, a qué le damos valor y en dónde colocamos recursos. Y la segunda consideración: la cultura lo es todo. Si no se adopta con convencimiento, si aplicamos un *Agile* cosmético, si objetamos a lo que nos recomiendan los marcos, la transformación no se dará.

Cada año se publica la *Gallup State of the Workplace*, una encuesta sobre clima laboral realizada en más de 140 países y que cuenta con más de 100.000 encuestados. Las conclusiones no pueden ser más pesimistas: solo el 34% de los cuestionados declararon sentirse comprometidos con la empresa. El 53% no estaban comprometidos. Y lo que es peor: el 13% se declaraban «activamente no comprometidos». Es decir, al borde del sabotaje industrial. Es el momento de hacer algo al respecto.

El abanico de la agilidad es enorme. Por desgracia, la mayoría de organizaciones solo raspa la superficie y se limita a implantar conceptos de Scrum como trabajo en *sprints*, retrospectivas o la redacción de historias de usuario y tareas. Scrum funciona excelentemente para desarrollar soluciones, pero está lejos de ofrecer una solución completa. No se ocupa de todo. A propósito, omite problemas de alto nivel que las organizaciones necesitan abordar. Con Scrum podemos llegar a un producto viable en menos tiempo de lo que era aceptable con un enfoque en cascada. La falta de reacción ante los cambios de mercado de la que adolecen muchas empresas obedece a motivos arquitectónicos y no solamente de productividad individual. Aunque la introducción de filosofías ágiles a nivel equipos es muy beneficiosa, especialmente en equipos de desarrollo, su recorrido es insuficiente. Pronto aparecen barreras ulteriores que limitan la capacidad de las personas para explotar su máximo potencial de trabajo. Una vez en producción, otras prácticas como DevOps permiten a los departamentos de tecnología desplegar *software* con mayor frecuencia, estabilidad y calidad, y menos fallos. Los silos son producto de estructuras jerárquicas cerradas y políticas de recursos humanos inflexibles. Se deben poner en práctica nuevas maneras de asignar recursos humanos a las tareas que más afectan a la organización en cada momento, de pensar formas más dinámicas de asignar presupuestos, de priorizar proyectos de forma consensuada entre departamentos. De otra forma, el resultado es que cada silo ejecuta sus proyectos con sus recursos económicos y su personal de forma independiente, sin coordinación con el resto de la empresa. La beneficiosa descentralización de la toma de decisiones debe provenir de una coordinación previa de los grandes objetivos de la organización y no de los silos conformados por no trabajar de manera conjunta.

Ahí entran en juego los marcos de escalado, que nos ayudan paso a paso a acrecentar la filosofía a nivel empresa.

Epílogo

Ética y política

9

> *«Si las máquinas producen todo lo que necesitamos, el resultado dependerá de cómo se distribuyan las cosas. Todos pueden disfrutar de una vida de lujoso ocio si se comparte la riqueza producida por las máquinas, o la mayoría de las personas pueden terminar miserablemente pobres si los propietarios de las máquinas presionan con éxito contra la redistribución de la riqueza. Hasta ahora, la tendencia parece ser hacia la segunda opción, con la tecnología impulsando una desigualdad cada vez mayor»*
>
> —Stephen Hawking, 1942-2018

Estas fueron las últimas palabras de Stephen Hawking en un foro de internet, durante una sesión de preguntas y respuestas organizada por el agregador de noticias Reddit, el 15 de octubre de 2015, dos años y medio antes de morir[1].

Los temores que sentimos hacia las nuevas tecnologías son infundados. La Inteligencia Artificial Fuerte no llegará pronto y quizá nunca sea lo que entendemos por inteligencia humana: autoconsciente, sensible, sabia. Los robots no nos robarán nuestro trabajo. Si lo hacen, será la porción más tediosa, manual y repetitiva del mismo. La que desearemos regalarles. Y si algún día nos sustituyen completamente, será para abrirnos las puertas a un mundo sin trabajo, en el que expresarnos a través de las artes, el ocio, la filosofía y las relaciones humanas. Las máquinas no piensan, no pueden resolver problemas por sí mismas y, en consecuencia, no pueden ocasionarlos. Si nos preguntásemos hoy si internet ha creado trabajo y riqueza, la respuesta general sería afirmativa. Sin embargo, internet generó y sigue generando miedos, problemas de seguridad, filtraciones indeseadas, psicosis de padres que ignoran lo que traman sus hijos en las redes y, por supuesto, ha hecho desaparecer miles, millones de empleos obsoletos. Internet reemplazó buena parte del sistema postal; el teléfono celular reemplazó al teléfono fijo; el teléfono fijo reemplazó al telégrafo. La historia sigue.

El intercambio de recelos entre trabajadores y tecnología es tan antiguo como las montañas. Una anécdota, atribuida entre otros a Milton Friedman, cuenta que el economista visitó cierto país asiático y observó gran cantidad de peones trabajando en obras públicas, ataviados solamente con palas.

«¿Por qué no tienen excavadoras?», preguntó.

«Ah, bueno, es que es un programa para la creación de empleo».

«Bien, en ese caso, ¿por qué no les dan cucharas?».

La situación es absurda, pero el trasfondo verdadero: tenemos microprogramada la necesidad de crear empleo. Y, al mismo tiempo, nuestro concepto de empleo se fundamenta en el hecho de «estar ocupados». En el trabajo, quienes más ocupados se encuentran parecen más imprescindibles: agendas repletas de reuniones, ni un minuto para parar a pensar. «Deben de estar haciendo cosas muy importantes», reflexiona uno.

En lugar de culpar a la excavadora o reírnos del uso de cucharas, sería adecuado voltear hacia nuestra propia incoherencia. ¿Por qué necesitamos crear empleo? Para generar bienestar y que la gente tenga un medio de supervivencia. ¿Qué ocurriría si pudiésemos proporcionar bienestar y un modo de supervivencia que no fuese a través del propio trabajo, sino del de las máquinas? Esta idea es menos revolucionaria de lo que parece, pero llegamos hasta los pies de un muro mental, no técnico. Con la tecnología actual, el porcentaje de trabajo automatizado podría ser mucho mayor de lo que es. Nos frenan mecanismos similares al de la anécdota de Friedman. ¿Y si en la era de la robótica y la automatización, generar más empleo fuese un problema, no una solución? Quizá sea hora de plantearse seriamente ideas como la reducción de jornada laboral o la renta básica universal.

Pero antes de proyectar esas vías, debemos abordar un asunto más inmediato. Lo que menciona Hawking: cómo se distribuirán los frutos del trabajo. Hace tiempo que existe una desincronización entre el crecimiento de los salarios y la productividad laboral. En Economía se le conoce como el «Gran desacople». Según la metodología utilizada, esa desarmonía se aprecia en mayor o menor grado, pero pocos discuten que ocurra. Los salarios crecen menos que la productividad, también el cociente entre la cantidad de horas trabajadas respecto a la productividad que teníamos hace un siglo. La productividad es cada vez mayor gracias a la tecnología, pero eso no se traduce en que trabajemos menos o en que los asalariados vivan mejor. La demanda de trabajo es menor que la oferta, la población trabajadora acepta situaciones que antes no aceptaba, la precarización se extiende. Los trabajadores perciben esto y buscan al diablo en el chip. Pero se trata de un problema político, no tecnológico. La tecnología debe estar para atendernos, para que ella haga las cosas. Para que sea nuestro sirviente y no viceversa. Es un atolladero que debe resolverse en los parlamentos, en las tertulias y en las calles; en las urnas o en las asambleas, y no mediante la defenestración de la tecnología. Bajo el *New Deal* norteamericano —y en general en todos los países durante la posguerra— se combinaron en harmonía el descenso de la desigualdad, la mejora de condiciones de los trabajadores y la rápida adopción de tecnología con mayor maquinaria en las fábricas. Es posible.

Por si no bastase con el problema de la distribución, sobrevuela la incógnita de la relación máquina-trabajador. Estamos acostumbrados a percibir la tecnología como un complemento acelerador de la productividad: un trabajador cavando con sus manos es más lento que uno cavando con una pala, y este a su vez más lento que otro montado sobre una excavadora. ¿Qué ocurrirá en el instante, probablemente cercano, en que existan excavadoras autónomas? La relación complementaria máquina-trabajador desaparecerá. La máquina será el trabajador. Esto, que había ocurrido en menor medida durante cada metamorfosis tecnológica a lo largo de la historia, sucederá más que nunca con el advenimiento de la Inteligencia Artificial. Se ampliarán las posibilidades de automatización más allá de las clásicas tareas fabriles, repetitivas y predecibles del siglo pasado. Las máquinas no serán humanamente inteligentes, pero sabrán hacer muchas más cosas que antes. Más que nunca volveremos al término «destrucción creativa», acuñado por el sociólogo Werner Sombart y popularizado por el economista Joseph Schumpeter en la década de los 40 del siglo pasado. Captura el fenómeno por el cual la innovación sustituye viejas formas de uso y producción por otras nuevas, mediante la introducción de un nuevo proceso, mercado u objeto. Al introducir nuevos actores, se destruyen aquellos a quienes relevan. El coche sustituyó al caballo de carga, pero siguieron existiendo choferes y transportistas. Cabe preguntarse: ¿qué ocurrirá con nuestro sistema económico actual, en un mundo automatizado en que la destrucción creativa no dé paso a nuevos empleos, por tanto sea destrucción, pero no creativa? ¿Qué ocurrirá cuando los nuevos mercados, esos océanos azules de los que dependían los antiguos emprendedores disruptivos, ya no existan porque no habrá demanda para satisfacerlos, pues habrá menos empleos, y por tanto, menos ingresos agregados? ¿Qué ocurrirá cuando la crisis fiscal de los estados, derivada de la falta de ingreso por el enorme desempleo, no permita a los gobiernos sustituir empleos privados por empleos en el sector público, como clásicamente han realizado los países que adoptaban una política keynesiana para salir de malas rachas? ¿Qué ocurrirá cuando la falta de crecimiento real no pueda ser disimulada por la *financiarización* de la economía, característica de los países desarrollados durante las últimas décadas? ¿Qué ocurrirá cuando no haya una «huída hacia delante» posible para la clase media, que ha conseguido escapar de la automatización de los trabajos fabriles mediante títulos y diplomas que les otorgaban un valor intelectual? Cuando la escalada inflacionaria de la educación superior no pueda seguir alimentándose, la inteligencia artificial la fagocitará. ¿Qué ocurrirá entonces?[2]

Los robots no originan problemas, pero los hombres sí. El pánico a la tecnología es el de la sabiduría íntima de quien sabe que no siempre se ha utilizado para el bien común. Entendemos que es mayor la probabilidad de que no sepamos gestionar este nuevo conocimiento, a que éste tome vida propia y decida terminar con nosotros. Como humanos, tememos lo que no somos capaces de entender. Pero no debemos abstraernos de las cuestiones fundamentales que nos afectarán. Aunque no nos interese la tecnología, ni trabajemos en un corporativo, o queramos fundar una *startup*, ni vayamos a implantar ningún proyecto de transformación digital... la discusión está sobre la mesa. Surgen preguntas concretas que hacerse, preguntas de sobremesa, para debatir en familia. Por ejemplo: ¿deben pagar impuestos los robots?

Bill Gates opina que sí. Lo afirmó en una entrevista realizada con Quartz en febrero de 2017[3]. Esta tasa sería, en realidad, un impuesto sobre el capital empleado por las empresas para usarlos y ayudaría a corregir el aumento a largo plazo de las rentas de capital sobre el trabajo. Los robots, no olvidemos, son capital industrial. De ahí se entiende mejor la frase de Hawkings. La tasa efectiva del impuesto de sociedades en los Estados Unidos no ha parado de decrecer desde 1950, cuando se colocó cerca del 50%. Desde la crisis de 2008 ha caído por debajo 20% y tras la victoria de Donald Trump se ejecutó una brutal disminución de la tasa estatutoria desde el 35% al 21%, con el *Tax Cuts and Jobs Act* del 2017. De igual forma, la contribución total del impuesto a sociedades al PIB estadounidense ha decrecido. En cambio, el principal impuesto al gasto personal, el IVA, ha aumentado constantemente en todos los países desde su creación hace algunas décadas. El promedio de la OCDE a principios de 2018 era del 19,2%[4]. Un estudio de la *Taxation and Economics Policy* estima que Amazon no pagó nada en impuestos federales en 2018. Nada. Lo mismo que en 2017. Al contrario: les ha salido a devolver[5].

¿Qué quiere decir esto? Que las personas están contribuyendo en mayor proporción a los ingresos fiscales que antes, a través de impuestos sobre los salarios y gastos. Y que las empresas están aportando menos a través de los impuestos sobre ganancias, a pesar de que utilizan la infraestructura de transporte y financiera y se benefician de educación y asistencia sanitaria pública a sus empleados. Al mismo tiempo, los salarios no están aumentando acorde al ascenso de la productividad. Las rentas de capital crecen más que las de trabajo. El resultado ha sido un aumento de la desigualdad en todo el mundo.

Aspectos muy interesantes de la innovación se ven afeados por cuestiones de justicia social. Un buen ejemplo es la *gig economy*, economía compartida o colaborativa de la que hemos hablado en los primeros capítulos. Hay autores que apuntan a que algunos de sus éxitos se basan en saltarse la regulación existente —sea sectorial, como en el caso taxi vs Uber; o laboral, como en el caso de empresas que tratan a sus empleados como trabajadores independientes, aliviando sus responsabilidades laborales y cargas sociales—. Creen que iniciarán una espiral mundial de costos salariales menguantes cuando se conecten y amplíen a los países en vías de desarrollo y todos compitan por hacer el trabajo más barato. Y recuerdan que muchas profesiones están reguladas por una buena razón. ¿Admitiremos la disrupción de *startups* al sistema público sanitario o judicial? Esto no es una discusión tecnológica, ni de modelo de negocio. Y abre las puertas a una transformación social quizá no deseable. Tras la crisis de 2008, que siguió sintiéndose por más de una década en algunos países, todavía nos encontramos a sujetos con algo de patrimonio que sobreviven monetizando su incomodidad. Conviven casi cotidianamente con un desconocido, alguien nuevo cada tres días, a cambio de pagar su renta. Y, para olvidar su situación, eventualmente son ellos los huéspedes para experimentar una vida sobre bienes que no poseen. Algunos autores aluden muy astutamente a que el término «economía compartida» es inadecuado, ya que en el momento en que entra en juego una transacción económica, se deja de «compartir». Un artículo de *Harvard Business Review* sugería en el 2015 utilizar la expresión «economía del acceso»[6]. Otras facetas de esta economía, como el beneficio ecológico, son ciertas y provechosas. Independientemente de que se trate de una venta comercial y no una cesión amistosa, la eficiencia en la gestión y consumo de los recursos mejora. Pero están supeditados a que todos participen de ellos. Las virtudes de la austeridad son tales si todos comparten los mismos valores. Si los gigantes industriales no se pliegan a aceptar un planeta más austero y menos contaminante, poco de lo que hagamos a nivel individual servirá.

La duda que trasluce es: ¿cuántas maravillas servidas por nuestro desarrollo tecnológico nos estaremos perdiendo por culpa de no saber compartir? ¿Cuánto estaremos desaprovechando las virtudes de nuestro fuego prometeico, la capacidad de innovar en nuestro beneficio, por no querer dividirlo?

¿Debemos demonizar a empresas como Amazon por eludir

impuestos, a Airbnb o Uber por generar una economía como la descrita en el párrafo anterior? Opino que no. ¿Debemos demonizar a nuestros representantes políticos, y por extensión a nosotros mismos que somos quienes los votamos, por permitir un sistema que precariza a un porcentaje enorme de la sociedad a pesar de la abundancia de conocimiento y plétora tecnológica que presenciamos? Creo que sí. Las empresas no gobiernan el mundo, en teoría; y si lo hacen, es porque los ciudadanos se lo permitimos. Los gobiernos tienen responsabilidades para con sus ciudadanos. Los buenos gobiernos intentan responder equitativamente ante sus ciudadanos. Incluso los malos gobiernos benefician a un porcentaje de la población y temen a la población general. Las corporaciones no necesitan hacer nada de esto. Su misión es hacer dinero. Es de lo único que se tienen que preocupar. El cambio social difícilmente provendrá de ellas.

El principal motivo que impulsó al éxito a la VOC fue el patrocinio y el apoyo del estado holandés. Más en concreto, el militar. También la centralización, promovida por el gobierno, permitió que los precios de las especias tuviesen siempre un margen amplio, propio de los monopolios. Esto los diferenciaba de los ingleses, que tenían varias iniciativas privadas comerciando en Indonesia por su cuenta. La VOC no solo hizo la guerra a portugueses, ingleses y españoles: cometió atrocidades contra los pobladores, como la masacre de las Islas de Banda. Como otras grandes potencias se enriqueció a base de trabajo esclavo. Jan Pieterszoon Coen, gobernador general, escribió: «*no hay comercio sin guerra, ni guerra sin comercio*». Es preciso recordar que la VOC tuvo apoyo militar del gobierno... para obtener nuez moscada y pimienta. Lo valioso no es constante, varía entre épocas. Nos debe hacer reflexionar sobre aquello que valoramos personalmente y como sociedad. ¿Valieron la pena todas esas muertes para poder traer canela a Europa?

Varias empresas surgidas del experimento económico chino, como Huawei, se asemejan a la VOC. Sin el apoyo explícito del gobierno, gigantes como Amazon, Google o Facebook se han convertido en condicionantes de los mercados, la sociedad civil o la democracia. Esto es peligroso. Google puede destruir pequeños comercios solo cambiando el algoritmo de sus anuncios. Amazon, con las librerías.

Facebook puede hacerlo con las democracias. Es difícil predecir hacia dónde van. Pero los estados soberanos dependen cada vez más de estas empresas. Guardan su información en sus nubes, manejan información más completa e inmediata que los servicios de inteligencia. La VOC nos debería servir de ejemplo de lo que ocurre cuando las corporaciones se vuelven más poderosas que los propios estados.

Y, quizá, debamos replantearnos algunos de los indicadores que usamos actualmente para saber si las cosas van bien.

El problema de las masas

Los primeros compases de *La rebelión de las masas* resultan curiosamente familiares bajo la óptica actual de datos masivos:

> «*Hay un hecho que, para bien o para mal, es el más importante en la vida pública europea de la hora presente. Este hecho es el advenimiento de las masas al pleno poderío social. (...) La aglomeración, el lleno, no era antes frecuente. ¿Por qué lo es ahora? Los componentes de esas muchedumbres no han surgido de la nada. Aproximadamente, el mismo número de personas existía hace quince años. Después de la guerra parecería natural que ese número fuese menor. Aquí topamos, sin embargo, con la primera nota importante. Los individuos que integran estas muchedumbres preexistían, pero no como muchedumbre. Repartidos por el mundo en pequeños grupos, o solitarios, llevaban una vida, por lo visto, divergente, disociada, distante*».

El concepto de *masa* en Ortega y Gasset no se refiere tanto a la cantidad de personas como a su comportamiento. El gentío disfruta del nuevo anonimato en su calidad de muchedumbre. Goza del bullicio. Estas líneas se publican en época de entreguerras, con Mussolini en el poder en Italia y los bolcheviques en Rusia. Sin embargo, el concepto de «psicología social» llevaba décadas usándose tras los trabajos de Wilhelm Wundt, con *Psicología de los pueblos*, y especialmente la publicación en 1895 del libro de Gustave Le Bon *La muchedumbre: un estudio de la mente popular*, y de los estudios sobre facilitación social de Norman Triplett. La facilitación social es el fenómeno por el cual solemos completar tareas simples mejor cuando alguien nos observa que cuando estamos solos, y viceversa cuando se trata de tareas complicadas. El libro de Ortega y Gasset fue publicado en 1929, en pleno auge del fascismo. Durante la posguerra surgió un gran interés por estudiar los efectos del comportamiento en masa sobre los individuos. Varios experimentos sociológicos abundaron en los conceptos de pensamiento de grupo. En 1949, Orwell publica *1984*. En 1951, los experimentos de Arsch mostraron significativamente el poder de la conformidad en las masas. Se pidió a varios voluntarios que tomaran un examen de visión. Solo uno se trataba de un voluntario real, mientras que los demás eran cómplices del experimento. Los ejercicios eran sencillos, por ejemplo comparar y decidir cuál era la línea más corta entre varias. Tan sencillos que, en condiciones normales, la tasa de error era menor al uno por ciento. Sin embargo, los cómplices fallaban a propósito, y en condiciones de presión grupal, se inducía a que los voluntarios reales nombraran la respuesta incorrecta en una de cada tres ocasiones. En 1967 se ejecutó el experimento de la Tercera Ola, llevado al cine en varias ocasiones. La Tercera Ola fue un movimiento ficticio creado por un profesor de California para explicar a sus alumnos cómo era posible que los alemanes aceptasen las acciones del régimen nazi. Solo tardó cuatro días en descontrolarse y ser abortado.

¿Cómo es esto posible? Parece que el individuo pierde su capacidad crítica frente a la pluralidad del gentío. El psicólogo Irving Janis acuñó la voz «pensamiento de grupo» —*groupthink*— basándose en términos de la neolengua de la novela de Orwell. Las nuevas tecnologías no hacen sino ampliar, transparentar y exponencializar nuestra conciencia y exposición al montón. El riesgo de pensamiento de grupo aumenta. El filósofo Byung Chul Han profundiza en el particular papel homogeneizador de las redes sociales en *La expulsión de lo distinto*. Esto ha dado lugar a una paradoja en apariencia inexplicable: en la época de mayor acceso a la información y conocimiento, la ciudadanía, la turba digital, parece ser más manipulable que nunca. Las *fake news* más absurdas resultan las más rápidamente compartidas. Y son solo el principio del cuento. Los avances en algoritmos de redes neuronales producirán pronto información audiovisual hiperrealista que será usada para publicar noticias falsas. Veremos videos de gente haciendo esto, grabaciones de gente diciendo lo otro, cuando en realidad será todo una simulación. Ante eso, la responsabilidad humana se torna cada vez mayor. La combinación de *fake news* con una mermada capacidad individual para interpretar el contexto de los datos y aplicar un pensamiento crítico debilitará aún más nuestras democracias y plantará la idea de que nos deben gobernar tecnócratas armados de algoritmos. Porque son los que más saben.

Hemos expuesto un problema de óptica macroscópica: la exponencialización del comportamiento de masa y el pensamiento de grupo en una sociedad hiperconectada. Pero es posible apreciar versiones miniaturizadas del dilema en contextos más concretos, particularmente el rol de los algoritmos como homogeneizadores de la sociedad y amplificadores de prejuicios. ¿Recuerdas el caso de la inteligencia artificial con gusto por las patatas fritas onduladas? ¿Cambridge Analytica? Veamos el caso de James Watson. Watson propuso por primera vez, junto a Francis Crick, la estructura doble-helicoidal de la molécula de ADN. Fue un científico altamente respetado en el entorno académico. Pero también ha sido criticado por ligar la inteligencia y comportamiento sexual a factores genéticos y a la raza, hasta el punto de tener que vender su medalla recibida por el Nobel. Planteemos una hipótesis. Supongamos que pudiéramos medir la inteligencia de un modo confiable y que lo hiciésemos a lo largo de todo el mundo, para toda la población mundial. Supongamos también que lo dice Watson es cierto: los individuos de raza negra son menos inteligentes que los de raza blanca. El dato lo corrobora. Pero supongamos que esa menor inteligencia no fuese debida a factores genéticos ni de raza, como opina Watson, sino a factores educativos, alimenticios e históricos. El hecho es que los negros son mayoría en países más pobres y colonizados. En los países desarrollados suelen poblar los deciles más pobres de la sociedad. Nos encontraríamos frente a una injusticia provocada por una evolución, la dialéctica histórica entre razas, y no por un factor inherente a ellas. Ante tal situación, ¿cómo actuaría un sistema de inteligencia artificial, que simplemente correlaciona datos, sin discurrir sobre las causas? La respuesta es evidente: la opresión perduraría. El algoritmo entiende el dato —una menor capacidad— pero no discierne el motivo —genético o injusticia histórica—. Decenas de ejemplos como este nos podemos encontrar en el libro de Cathy O'Neill *Armas de destrucción matemática*. Surge la incógnita: entregando nuestras decisiones a algoritmos, ¿nos arriesgamos a retrasar o incluso congelar el progreso social, pues estamos anclando nuestro pensamiento al momento en que programamos el algoritmo?

No solo las opiniones y noticias manipuladas que encontramos en internet son dañinas. La tecnología no es inocua, nos influye y nos transforma como humanos. Los niños atados a tabletas desde su nacimiento desarrollan problemas motrices y dificultades en el habla y la comunicación, comenzando a hablar a edades más tardías de lo habitual[7]. Ya no juegan ni interaccionan de la misma manera entre ellos y todavía no sabemos cómo afectará esto a nuestra raza dentro de algunas décadas. Algunos autores, como Nicholas Carr, argumentan que la tecnología e internet está impactando negativamente en nuestra capacidad para pensar. Antiguamente los taxistas debían memorizar todas las calles, lo cual desarrollaba físicamente su hipocampo[8]. Cabe el argumento de que no resulta útil memorizar calles cuando un sistema nos las proporciona, del mismo modo que aprender aritmética puede ser inútil si disponemos de una calculadora. ¿Hasta qué punto?

¿Hacia un mundo de ocio y abundancia?

Con la densidad de población de la isla de Manhattan, toda la raza humana cabría en Nueva Zelanda. No es un problema de cantidad, es un problema de consumo: aunque quepamos en Nueva Zelanda, usamos la mitad de la extensión terrestre habitable —el 38% contando tierra inhóspita y estéril— para uso ganadero y agrícola[9]. En la porción de tierra intacta sobreviven ecosistemas de fauna y flora que necesitamos para sobrevivir. Buena parte de los países —y no necesariamente los más ricos— viven con una dieta por encima de las posibilidades físicas del planeta. Por ejemplo, si todos adoptásemos la dieta neozelandesa, necesitaríamos dos planetas para poder producir la cantidad de comida necesaria[10].

Acaso no sea tanto un conflicto de consumo como de desperdicio: en Europa se desechan 280 kilos de comida por persona y año. Dos tercios durante su producción y distribución; un tercio lo hace el propio comprador. Es decir, cada europeo desperdicia en casa un kilo de comida cada cuatro días. En los supermercados, las razones por las que se desaprovecha el alimento no es solo técnica: mucha en buenas condiciones se rechaza porque no adherirse a los estándares estéticos de los consumidores. En los países en desarrollo, el despilfarro ocurre en mayor grado del lado productivo, por falta de infraestructura. En el norte de África, el 16% es desechado por el propio consumidor; en Latinoamérica, el 11%; en el África subsahariana, solo el 3%. Sin embargo, el derroche total, contabilizando el industrial y el personal, no difiere demasiado: 225 kilos por persona y año se pierden en Latinoamérica, 215 en el norte de África y Asia central y occidental. Los campeones, el sureste asiático, con tan solo 125 kilos por persona y año[11]. Al mismo tiempo, los niveles mundiales de obesidad se han disparado desde la década de los 80.

Una mayoría de productos de uso cotidiano, como la ropa, han devenido en mercancía ordinaria. En buena parte del planeta, las necesidades de abrigo son cubiertas a precios razonables. Al mismo tiempo, la industria de la moda solo es superada por la del petróleo como mayor contaminante. Este sector es responsable de producir el 20% de las aguas residuales en el mundo. Produjo 92 millones de toneladas de residuos solo en 2015, y solo alrededor del 1% de los residuos textiles se reciclan realmente. Con las tecnologías actuales, llevaría 12 años reciclar lo que la moda rápida crea en 48 horas[12]. Compramos el doble de ropa que hace solo dos décadas, pero la forma de diferenciarse ya no la señala la utilidad, sino aspectos aspiracionales como la marca, la exclusividad o qué famoso lo promocione. Recuerda: utilidad contra calidad. Una camiseta de 20 euros no es útil —es decir, no cumple su función— de forma muy distinta a una de 200, lo mismo que un reloj e incluso un ordenador, cuyos usos más comunes —navegar, comprobar el correo, jugar, ver alguna película— se satisfacen con la gama más baja. La modernidad nos ha igualado como nunca antes en cuanto a gustos, actitudes y aspecto. Lo cual no es algo necesariamente malo, siempre y cuando lo sepamos gestionar mentalmente. Una vez cubiertas las necesidades materiales, el anhelo por parecer diferentes y trascender se ensancha. El riesgo para una sociedad del ocio en la que todos podamos acceder a insumos básicos para una vida razonablemente feliz es, precisamente, que no queramos aceptarla. Se nos abrirán las Puertas del Edén, pero no querremos entrar, porque a ese bar va demasiada gente.

Las innovaciones explicadas en este libro podrían desembocar en un sistema productivo más ecológico. Internet de las cosas o la impresión 3D mejorarán las capacidades productivas y minimizarán los residuos; reducirán el consumo energético y el transporte logístico, modernizando los canales de distribución; hará más eficiente el riego de agua en las explotaciones agrícolas, etc.

Pero no existirá nunca una tecnología que palie la voracidad humana. Las necesidades materiales son finitas; las posicionales, infinitas.

En el año 2002, a la tierna edad de 86 años, Jacque Fresco publicó *Lo mejor que el dinero no puede comprar*. Fresco describe una utópica sociedad planificada en donde ciencia y tecnología se aplican con sensibilidad humanitaria y medioambiental, ofreciéndonos un nivel de vida más allá de lo imaginable en el pasado. Las máquinas tomarían el control productivo total. El ser humano se entregaría a una existencia contemplativa, filosófica y espiritual. Fresco pretende diseñar una civilización global «que respete la capacidad de carga del planeta y supere el sistema económico monetario de mercado basado en la escasez». La escasez, según él, es creada por un sistema ineficiente, hecho innegable a la vista de fenómenos como la obsolescencia programada o el dispendio cotidiano de ropa o alimentos. Pero lo curioso estriba en que las críticas a su proyecto son mayoritariamente económicas. Por ejemplo que el tipo de planificación que plantea choca de frente con el problema del cálculo económico de Von Mises, según el cual no es posible una correcta asignación de recursos sin un mercado. Sorprendentemente, el carácter utópico lo confiere más la descripción de otra sociedad que una limitación tecnológica. Los mismos continuadores del proyecto parecen tener esto claro: la barrera es política, no tecnológica. Quizá por eso hayan titulado su último documental *La elección es nuestra*:

> «*El Proyecto reconoce la importante conexión entre la mala gestión global de los recursos y problemas como la guerra, el cambio climático, la pobreza y el hambre. (...) Si bien la tecnología puede aliviar gradualmente algunos de estos problemas, no se pueden resolver simplemente abordando los síntomas, como lo hacemos ahora, porque son subproductos de un problema mucho mayor. (...) los intereses comerciales actualmente requieren una planificación a corto plazo y retornos oportunos de las inversiones. Por estas razones, además de nuestro enfoque técnico ampliado, nuestras propuestas incluyen un modelo económico alternativo que supera estas barreras artificiales para el bienestar planetario*».

Al hilo de la negación de la escasez está el libro publicado en 2012 *Abundancia*, escrito por los futuristas Peter H. Diamandis y Steven Kotler. Para ambos es claro que la innovación tecnológica es capaz de paliar nuestros problemas y ofrecernos un futuro próspero para todos, siempre y cuando sepamos compartir. Bajo su punto de vista, la continua aparición de noticias nefastas no prueba la veracidad de estas historias o, al menos, su representatividad estadística. Es decir: aún siendo ciertas, no reflejan la realidad completa de las cosas. Para ellos, los seres humanos somos adictos a las noticias artificiosas que simplifican en exceso la realidad. ¿Recuerdas a Kahneman y Tversky? Debemos recordar pensar críticamente en cada momento. Diamandis achaca a los medios su lógica de optimizar los clics al escribir titulares sensacionalistas y engañosos para captar visitantes —llamados *clickbaits* o ciberanzuelos— o televidentes.

En este sentido optimista, el trabajo del difunto estadista sueco Hans Rosling es altamente recomendable. En su último libro, *Factfulness* —la versión traducida al español mantiene su título inglés—, Rosling describe diez instintos que distorsionan nuestra perspectiva hasta velarnos la realidad e incapacitarnos para apreciar de forma objetiva el mundo. Sus charlas TED se encuentran entre las más visitadas[13] y desde luego entre las más divertidas. Para Rosling está claro: el mundo va a mejor y no al contrario. El estudio minucioso de los datos cuantitativos lo demuestra. Pero si nos dejamos llevar por datos parciales como las noticias, opiniones subjetivas, casos anecdóticos...

podemos fácilmente engañarnos. Debemos filtrar nuestros miedos irracionales. Lo que le haya ocurrido a tu primo no tiene por qué ser representativo para el resto de la sociedad.

Aceptando como ciertas las observaciones de Rosling, Diamandis y Kotler, muy pronto tendremos un acceso digno y adecuado a alimentos, energía, agua, educación y atención médica para la mayoría. Las tecnologías en informática, medicina y otras áreas progresan a ritmo exponencial y en un breve espacio de tiempo habilitarán lo que hoy se antoja imposible. Los avances se extienden a todas partes, permitiendo que los más pobres estén mejorando sustancialmente su calidad de vida. Los «tecnofilántropos», millonarios o líderes tecnológicos, abordan problemas complejos, como la limpieza de los océanos o la erradicación de enfermedades. En la sección *No estamos solos* aprendimos como la conectividad y nuevas tecnologías albergan un efecto amplificador y realimentador de sus beneficios. Las redes aumentarán su valor con la participación de la población aún hoy excluída. Su colaboración permitirá mejorarlas. Paralelamente, muchos de los problemas que hoy nos acucian están relacionados y sus soluciones se realimentan y complementan. El aumento, en apariencia imparable, de la población de ciertos países en desarrollo se frenará con un ascenso adecuado del nivel de vida y consecuente descenso de la mortalidad infantil. Esta fuerza laboral coadyuvará a resolver otros problemas. La población a nivel mundial se estancará en torno a los 11 mil millones. ¿Qué ocurrirá entonces?

Una vida contemplativa como la descrita por Fresco, apalancada en sirvientes digitales, parece utópica. Pero argumentos sólidos soportan este tipo de visiones. Antes de las revoluciones industriales, la gran mayoría de la población mundial se dedicaba a producir lo que necesitamos para comer. ¿Cuán asombroso sería para un italiano o alemán de la época el escuchar que en sus países el porcentaje de empleo agrario[14] es hoy menor del 3%? Una utopía, algo inconcebible. Todavía hoy en los países del África Central el porcentaje de participación en el agro ronda el 80%[15]. Pero en el agregado global, hemos pasado del 44% al 28% en apenas 30 años[16]. ¿Qué ocurrirá cuando no solo los empleos agrarios, sino todos, sean automatizados?

Todavía habrá que mantener, actualizar y coordinar las máquinas. Quizás inventemos una especie de «servicio militar» no bélico en el que toda la población de cierta edad, por ejemplo los 18, atienda las máquinas, mientras el resto se dedica a disfrutar. ¿Por qué no? Hay tanta población mundial con esa edad como dedicados a la agricultura en la mayor parte de los países más industrializados hoy en día —entre el 1% y el 2%—. Se abrirán las puertas a la vida inconcebible descrita por Fresco. ¿Seremos capaces de aprovecharlo? ¿Querremos?

De nuevo, la decisión es nuestra. La tecnología nos ayuda a solventar problemas. Habilita individuos y redes que arreglan otros todavía más complejos. Pero la tecnología ataca síntomas, no resuelve enfermedades. La decisión de cómo viviremos, como nos recuerda Hawking, la tenemos nosotros, no la ciencia. Debemos sentirnos optimistas sobre el futuro social, tecnológico y económico del mundo. El optimismo es el tipo de mentalidad que invoca a las musas, inspira la inventiva y espolea la valentía que necesitamos para ser más innovadores.

Si no cambiamos el mundo, al menos podemos cambiar nuestras vidas.

SI TE HA GUSTADO...

Gracias por leer este libro.

Espero que algunas de las ideas expuestas hayan resonado en tu cabeza o hayas podido aprender algo nuevo. Este trabajo es fruto de una variada carrera profesional de quince años en el mundo del software y de la innovación, en todo tipo de instituciones, desde centros de investigación públicos y privados, hasta pequeñas empresas y multinacionales, en varios países.

Un agradecimiento especial a todos los que me ayudaron en el aburrido y largo proceso de edición de esta obra: Ramón Couto, Ramiro Rodríguez, Sergio Viñas, Jaume Sues, Marcos Cuba, Enrri González e Isabel Cáceres. Particularmente gracias a Fany Fragoso, que se encargó de la edición y corrección minuciosa. Y gracias a Rudy Muhardika por el fantástico diseño de la imagen de portada.

Si crees que ha valido la pena, puedes considerar dejar un comentario en el lugar donde lo hayas adquirido, sea Amazon u otro; una pequeña reseña en tus redes sociales; o simplemente comentarlo con tus amigos.

Para contactarme directamente, me puedes encontrar en la red social LinkedIn: www.linkedin.com/in/alvaroperez.

REFERENCIAS Y NOTAS

El nacimiento de la tragedia

1   Ver lista de países por muertes por arma de fuego en <https://en.wikipedia.org/wiki/List_of_countries_by_firearm-related_death_rate>

2   Roberts, V., Kennedy, E.S. (1959) *The Planetary Theory of Ibn al-Shatir*, Isis.

3   Fuente: Clark, G. (2007). A *Farewell to Alms: A Brief Economic History of the World*. Princeton University Press.

4   Lenin, V.I. (13 de marzo de 1913). *A "Scientific" system of sweating*. Revista Pravda, No. 60.

5   El término se extrae de un libro de 2011 que se puede consultar para profundizar en este tema: *Global Action: The Broken Promises Education, Jobs, and Incomes*, de los autores Phillips Brown, Hugh Lauder y David Ashton.

6   *What it's like to be an animal?* <https://www.speedofanimals.com/insect?u=m>

7   Marr, B. (21 de marzo de 2018). *How Much Data Do We Create Every Day? The Mind-Blowing Stats Everyone Should Read*. Forbes. <https://www.forbes.com/sites/bernardmarr/2018/05/21/how-much-data-do-we-create-every-day-the-mind-blowing-stats-everyone-should-read/#1013c73360ba>

8   Schultz, J. (8 de junio de 2019). *How Much Data is Created on the Internet Each Day?* Microfocus. <https://blog.microfocus.com/how-much-data-is-created-on-the-internet-each-day>

9   Son exactamente unos 293.000 millones de correos diarios, según <http://www.radicati.com/wp/wp-content/uploads/2017/01/Email-Statistics-Report-2017-2021-Executive-Summary.pdf>

No estamos solos

1   McIntyre, H. (9 de noviembre de 2017). *Americans Are Spending More Time Listening To Music Than Ever Before*. Forbes. <https://www.forbes.com/sites/hughmcintyre/2017/11/09/americans-are-spending-more-time-listening-to-music-than-ever-before/#463fe6342f7f>

2   Küfner, Sabine. (14 de mayo de 2018). *Clip — La Evolución de la Startup más Exitosa de México*. <https://medium.com/newco-shift-mx/clip-la-evoluci%C3%B3n-de-la-startup-m%C3%A1s-exitosa-de-m%C3%A9xico-d520bdc6ef51>

3   Horowitz, S. (7 de septiembre de 2011). *Freelancing and the future of work*.

Referencias y notas

<https://www.freelancersunion.org/blog/2011/09/07/freelancing-and-the-future-of-work/>

4   Schumpeter, J.A. (1912). *The theory of economic development : an inquiry into profits, capital, credit, interest, and the business cycle.*

5   La historia del caso se explica en <https://en.wikipedia.org/wiki/United_States_v._Microsoft_Corp>

6   Ver <https://developers.google.com/maps/documentation/javascript/adding-a-google-map>

7   Garnet, IDC, Strategy Analytics, Machina Research.

8   Organización Mundial de la Salud. *Fact sheet: diabetes.* <https://www.who.int/news-room/fact-sheets/detail/diabetes>

9   Es posible consultar más sobre la plataforma en <https://www.doctorondemand.com/synapse>

10 Su charla TEDx de 2016 en México es imprescindible: <https://www.ted.com/tedx/events/17437/>

11 Mesmer, P. (29 de abril de 2017). *Songdo, ghetto for the affluent.* Le Monde. <https://www.lemonde.fr/smart-cities/article/2017/05/29/songdo-ghetto-for-the-affluent_5135650_4811534.html>

12 Ver <https://www.wonderware.es/blog/sistema-de-riego-inteligente-de-parques-y-jardines-para-barcelona/>

13 Wikipedia. *List of self-driving car fatalities.* <https://en.wikipedia.org/wiki/List_of_self-driving_car_fatalities>

14 Hawkins, A. (13 de mayo de 2018). *MIT built a self-driving car that can navigate unmapped country roads.* <https://www.theverge.com/2018/5/13/17340494/mit-self-driving-car-unmapped-country-rural-road>

15 Euronews. *First self-driving race car completes 1.8 kilometre track.* <https://www.euronews.com/2018/07/16/first-self-driving-race-car-completes-1-8-kilometre-track>

16 Smith, L., Lipner, I. (3 de febrero de 2011). *Free Pool of IPv4 Address Space Depleted.* Number Resource Organization. <https://www.nro.net/ipv4-free-pool-depleted>

17 Disponible en <https://www.gartner.com/en/newsroom/press-releases/2018-11-07-gartner-identifies-top-10-strategic-iot-technologies-and-trends>

18 Li, C. (28 de junio de 2018). *Maersk — Reinventing the Shipping Industry Using IoT and Blockchain.* <https://medium.com/harvard-business-school-digital-initiative/maersk-reinventing-the-shipping-industry-using-iot-and-blockchain-f84f74fe84f9>

19 Reichert, C. (22 de septiembre de 2016). *Telstra explores blockchain, biometrics to secure smart home IoT devices.* <https://www.zdnet.com/article/telstra-explores-blockchain-biometrics-to-secure-smart-home-iot-devices/>

20 Chin, C. (20 de diciembre de 2016). *Kouvola Innovation: transforming the*

logistics industry with blockchain. <https://www.ibm.com/blogs/internet-of-things/logistics-blockchain/>

[21] *Big Data in Planes.* (8 de mayo de 2015). <http://vrworld.com/2015/05/08/big-data-in-planes-new-pw-gtf-engine-telemetry-to-generate-10gbs/>

[22] Consultable en <http://research.google.com/archive/gfs.html>

[23] Dead, J., Ghemawat, S. (2004). *MapReduce: Simplified Data Processing on Large Clusters.* <https://ai.google/research/pubs/pub62>

[24] Chang, F., et altri. (2006). *Bigtable: A Distributed Storage System for Structured Data.* <http://static.googleusercontent.com/media/research.google.com/en//archive/bigtable-osdi06.pdf>

[25] Bernard Marr & Co. Blog. *How the Trump campaign used Big Data in practice.* <https://www.bernardmarr.com/default.asp?contentID=711>

[26] O'Donahue, K. (29 de abril de 2018). *How to determine height through the skeleton.* <https://sciencing.com/types-forensic-tests-7551951.html>

[27] Rodríguez Cuenca, J. V., (1994) *Análisis e identificación de restos óseos humanos.* <https://foroporlamemoria.info/excavaciones/intro_antropologia_forense/www.colciencias.gov.co/seiaal/documentos/jvrc03c72.htm>

[28] Kosinski, M., Stillwell, D., y Graepel, T. (9 de abril de 2013). *Private traits and attributes are predictable from digital records of human behavior.* PNAS. <https://www.pnas.org/content/110/15/5802>

[29] Vigen, T. (2015). *Spurious correlations.*

Un robot se llevó mi empleo

[1] Silver, A. (19 de febrero de 2005). *Deep Blue's cheating move.* Chessbase. <https://en.chessbase.com/post/deep-blue-s-cheating-move>

[2] Andrews, E. (5 de noviembre de 2007). *A Decade After Kasparov's Defeat, Deep Blue Coder Relives Victory.* Wired. <https://www.wired.com/2007/05/a-decade-after-kasparovs-defeat-deep-blue-coder-relives-victory/>

[3] Kubota, T. (15 de noviembre de 2017. *Stanford algorithm can diagnose pneumonia better than radiologists.* <https://news.stanford.edu/2017/11/15/algorithm-outperforms-radiologists-diagnosing-pneumonia/>

[4] Ver *Daddy's Car* en <https://www.youtube.com/watch?v=LSHZ_b05W7o>

[5] Se puede ver una demo en <https://www.youtube.com/watch?v=NLbKajPS9U0>. Es una animación, pero los sistemas en tiempo real funcionan realmente de esa manera, con cuadros de mando muy similares.

[6] Delckner, J. (13 de marzo de 2019). *This story was not written by a robot*T.

Referencias y notas

Politico.eu <https://www.politico.eu/article/robot-reporters-newsroom-algorithms-artificial-intelligence/>

Metamorfosis digital

1. Ruby on Rails Demo. YouTube. <https://www.youtube.com/watch?v=Gzj723LkRJY>
2. Perna, Laura, et altri. (5 de diciembre de 2013). *The Life Cycle of a Million MOOC Users*. Disponible en <https://www.gse.upenn.edu/pdf/ahead/perna_ruby_boruch_moocs_dec2013.pdf>
3. Kolowich, S. (13 de diciembre de 2011). *Stanford's open courses raise questions about true value of elite education. Inside Higher Ed*. <https://www.insidehighered.com/news/2011/12/13/stanfords-open-courses-raise-questions-about-true-value-elite-education>
4. El País. (9 de enero de 2020). *'Influencers' nocivas para la salud*. <https://elpais.com/sociedad/2020/01/08/actualidad/1578509328_514133.html>
5. The Economist. (17 de enero de 2013). *Shape Up*. <https://www.economist.com/special-report/2013/01/17/shape-up>
6. Gallup, Inc. (31 de marzo de 2011) *Americans' Top Job–Creation Idea: Stop Sending Work Overseas*. <https://news.gallup.com/poll/146915/americans-top-job-creation-idea-stop-sending-work-overseas.aspx>
7. Moser, Harry. (8 de julio de 2019). *Reshoring Was at Record Levels in 2018. Is It Enough?* <https://www.industryweek.com/economy/reshoring-was-record-levels-2018-it-enough>
8. La entrevista completa se puede ver en YouTube: Tim Cook Discusses Apple's Future in China I Fortune. Disponible en https://www.youtube.com/watch?v=_ng8xQ-SNGc
9. West, D. (10 de julio de 2018). *Global manufacturing scorecard: How the US compares to 18 other nations*. Brookings. <https://www.brookings.edu/research/global-manufacturing-scorecard-how-the-us-compares-to-18-other-nations>
10. Beaudry, P., Green, D., Sand, B. (Enero de 2013). *The great reversal in the demand for skill and cognitive tasks*. <https://economics.ubc.ca/files/2013/05/pdf_paper_paul-beaudry-great-reversal.pdf>
11. Para ver su portafolio de proyectos, accede a <https://www.xtreee.eu/projects/>
12. Website de Aprecia. *About us*. <https://www.aprecia.com/about>
13. *Statement by FDA Commissioner Scott Gottlieb, M.D., on FDA ushering in new era of 3D printing of medical products; provides guidance to manufacturers of medical devices*. (4 de diciembre de 2017). <https://www.fda.gov/news-events/press-announcements/statement-fda-commissioner-scott-gottlieb-md-fda-ushering-new-era-3d-printing-medical-products>

14 Lord, B.(12 de septiembre de 2018). *Bladder grown from 3D bioprinted tissue continues to function after 14 years.* <https://3dprintingindustry.com/news/bladder-grown-from-3d-bioprinted-tissue-continues-to-function-after-14-years-139631/>

15 Cui, H., Nowicki, M., Fisher, J., y Zhang, L. (20 de diciembre de 2016) *3D Bioprinting for Organ Regeneration.* Adv Healthc Materials. <https://www.ncbi.nlm.nih.gov/pmc/articles/PMC5313259>

Cómo innovar

1 Keeley, L., Pikkel, R., Quinn, B. & Walters, H. (2013). *Ten types of innovation: The discipline of building breakthroughs.*

2 Según la investigación de Quote Investigator, disponible en <https://quoteinvestigator.com/2018/01/28/smartest/>

3 Ver declaraciones de Gates al respecto en <https://www.ndtv.com/video/business/news/what-is-your-iq-sir-ndtv-com-surfer-asks-bill-gates-234319>

4 Ver <https://ec.europa.eu/programmes/horizon2020/sites/horizon2020/files/h2020_threeyearson_a4_horizontal_2018_web.pdf>

5 La metodología se explica en un libro escrito por el ingeniero de Google Jake Knapp, disponible en librerías y en https://www.thesprintbook.com. No se debe confundir con los *sprints* propios de algunas metodologías ágiles, que en todo caso comparten muchos valores en común. Ver Knapp, J., Zeratsky, J., & Kowitz, B. (2016). *Sprint: How to solve big problems and test new ideas in just five days.*

6 Ades, Cely et at. (11 de febrero de 2013). *Implementing Open Innovation: the case of Natura, IBM and Siemens.* Disponible en https://www.jotmi.org/index.php/GT/article/view/1249/801

7 Hart, David. (17 de agosto de 2004). *On the Origins of Google.* <https://www.nsf.gov/discoveries/disc_summ.jsp?cntn_id=100660>

8 Se puede consultar la propia página del proyecto y su financiación en <https://www.gps.gov/policy/funding/>

9 Al respecto de las baterías de litio es muy interesante el artículo que publicó el mismo DoE tras la concesión del Premio Nobel de 2019 a Stanley Whittingham, John Goodenough y Akira Yoshino. Disponible en <https://www.energy.gov/science/articles/charging-development-lithium-ion-batteries>

10 Ver <https://www.darpa.mil/about-us/timeline/ipto>

11 *Fact check: The public funding of Elon Musk's ventures.* <https://www.wikitribune.com/wt/news/article/70039/>

12 Bregman, Rutger. (12 de julio de 2017). *Meet the greatest inventor of all time.* El artículo original fue escrito en holandés, disponible en <https://

decorrespondent.nl/2496/maak-kennis-met-de-grootste-uitvinder-aller-tijden/95958720-53a49cbb>. Una traducción al inglés fue publicada por The Guardian en <https://www.theguardian.com/commentisfree/2017/jul/12/phone-state-private-sector-products-investment-innovation>

[13] Ver <http://jonathanischwartz.wordpress.com/2010/03/09/good-artists-copy-great-artists-steal/>

[14] Key, Stephen. (13 de noviembre de 2017). *In Today's Market, Do Patents Even Matter?* <https://www.forbes.com/sites/stephenkey/2017/11/13/in-todays-market-do-patents-even-matter/#33d3b88d56f3>

[15] El estudio es de Linio. Se puede consultar el artículo de Expansión al respecto en <https://expansion.mx/tecnologia/2018/11/20/mexico-ocupa-el-segundo-lugar-en-ventas-de-e-commerce-en-america-latina>

[16] Vikas, SN. (4 de diciembre de 2012). *India Has 137 Million Internet Users & 44 Million Smartphone Subscribers.* Medianama. <https://www.medianama.com/2012/12/223-india-has-137-million-internet-users-44-million-smartphone-subscribers-report/>

[17] Salim, S. (4 de enero de 2019). *How much time do you spend on social media? Research says 142 minutes per day.* Digital Information World. <https://www.digitalinformationworld.com/2019/01/how-much-time-do-people-spend-social-media-infographic.html>

[18] Ransbotham, S., *et altri.* (15 de octubre de 2019). *Winning with AI. Pioneers combine strategy, organizational behavior and technology.* <https://sloanreview.mit.edu/projects/winning-with-ai/?utm_medium=pr&utm_source=release&utm_campaign=airpt2019>

[19] Bucy, M., Finlayson, A., Kelly, G., Moye, C. (Mayo de 2016). *The 'how' of transformation.* <https://www.mckinsey.com/industries/retail/our-insights/the-how-of-transformation>

[20] Sturt, D., Nordstrom, T. (8 de marzo de 2018). *10 Shocking Workplace Stats You Need To Know.* Forbes. <https://www.forbes.com/sites/davidsturt/2018/03/08/10-shocking-workplace-stats-you-need-to-know/#3032c6c7f3af>

[21] Ibíd.

[22] Ibíd.

Fundar una fábrica de innovación

[1] Una recomendación para el entendimiento y definición de esto es *Mapping Experiences: A Complete Guide to Creating Value Through Journeys, Blueprints, and Diagrams*, de James Kalbach, Ed. O'Reilly, publicado en 2016, aunque hay muchos otros.

[2] Brown, Bruce, and Scott D. Anthony. (Junio de 2011). *How P&G Tripled Its Innovation Success Rate.* Harvard Business Review.

3 Tobias, J. (13 de abril de 2015). *How Citi Used Innovation To Deliver Growth*. <https://www.thestrategygroup.com.au/how-citi-used-innovation-to-deliver-growth>

4 Desmet, D, Shahar, M., Paquette, C. (Noviembre de 2015). *Speed and scale: Unlocking digital value in customer journeys*. <https://www.mckinsey.com/business-functions/operations/our-insights/speed-and-scale-unlocking-digital-value-in-customer-journeys>

5 Consultar <http://www.service-operating-model.co.uk/>

6 Consultar <https://www.tmforum.org/business-process-framework/>

Barreras comunes

1 Bridge, D., Paller, K. (29 de agosto de 2019). *Neural Correlates of Reactivation and Retrieval-Induced Distortion*. Journal of Neuroscience. DOI: <https://doi.org/10.1523/JNEUROSCI.1378-12.2012>

2 Se conoce como la curva de Allen: <https://en.wikipedia.org/wiki/Allen_curve>

3 Pontefract, Dan. (11 de mayo de 2015). *What Is Happening at Zappos?* <https://www.forbes.com/sites/danpontefract/2015/05/11/what-is-happening-at-zappos/#65a560584ed8>

4 Sobre la relación evolutiva del ser humano con la tradición oral y escrita hay muchos libros interesantes escritos, por ejemplo *Wired for Story*, de Lisa Cron, traducido al español como «Enganchados a los cuentos» por la editorial Milrazon; o *The Storytelling Animal*, de Jonathan Gottschall, del que creo no existe traducción.

5 Almeida, P. (26 de octubre de 2017). *The brain science behind storytelling*. <https://www.mindproberlabs.com/the-brain-science-behind-storytelling-part1/>

6 Hay algunos estudios al respecto. Ver <https://blog.sleepnumber.com/why-you-get-all-the-best-ideas-as-youre-falling-asleep/>

7 Jabr, F. (1 de septiembre de 2016). *Q&A: Why a Rested Brain Is More Creative*. Neurological Health. <https://www.scientificamerican.com/article/q-a-why-a-rested-brain-is-more-creative/>

8 Cheung, B., Chudek, M., Heine, S. *Evidence for a Sensitive Period for Acculturation: Younger Immigrants Report Acculturating at a Faster Rate*. University of British Columbia, <https://www2.psych.ubc.ca/~heine/docs/sensitivewindow.pdf>

9 Tsimerman, A., Jaffe, E. (Octubre de 2015). *The Impact of Acculturation on Immigrants' Business Ethics*. <https://www.researchgate.net/publication/282654124_The_Impact_of_Acculturation_on_Immigrants'_Business_Ethics_Attitudes>

10 Se puede ver el video y la transcripción en inglés en <https://

news.stanford.edu/2005/06/14/jobs-061505/>

[11] Arrington, M. (15 de julio de 2006). *Odeo releases Twttr*. Extraído de https://techcrunch.com/2006/07/15/is-twttr-interesting/

[12] Perez, S. (11 de marzo de 2019). *Twitter's new prototype app 'twttr' launches today*. <https://techcrunch.com/2019/03/11/twitters-new-prototype-app-twttr-launches-today/>

Agile

[1] El manifiesto ágil está disponible en <https://www.agilemanifesto.com>

[2] Toyota Motor Corporation: *The Toyota Production System – Leaner manufacturing for a greener planet*. TMC, Public Affairs Division, Tokyo, 1998.

Ética y política

[1] La respuesta de Hawking se puede acceder desde este enlace. Igualmente se puede navegar desde ahí hacia la sesión completa de preguntas y respuestas: <https://www.reddit.com/r/science/comments/3nyn5iscience_ama_series_stephen_hawking_ama_answers/cvsdmkv/>

[2] El sociólogo americano Randall Collins cita estas cinco «vías de escape» a través de las cuales el sistema capitalista ha sobrevivido a sus crisis y transformaciones y los problemas asociados a la digitalización para seguir manteniéndolas. De recomendada lectura es la obra de 2013 *Does Capitalism Have a Future?* (Oxford University Press).

[3] La entrevista es de pago, accesible desde <https://qz.com/911968/bill-gates-the-robot-that-takes-your-job-should-pay-taxes/> Sin embargo, sus declaraciones están disponibles en varios lugares en internet.

[4] Se puede consultar en la base de datos de impuestos de la OCDE <https://www.oecd.org/tax/tax-policy/tax-database/>

[5] Myers, Kristin. (19 de febrero de 2019). *Amazon will pay $0 in taxes on $11,200,000,000 in profit for 2018*. <https://finance.yahoo.com/news/amazon-taxes-zero-180337770.html>

[6] Eckhardt, G., Bardhi, F. (28 de enero de 2015). *The Sharing Economy Isn't About Sharint at All*. Harvard Business Review. <https://hbr.org/2015/01/the-sharing-economy-isnt-about-sharing-at-all>

[7] Existen infinidad de estudios que relacionan un exceso de tiempo viendo la televisión o usando una tableta con problemas de comunicación y un desarrollo tardío de la comunicación. Un par de ejemplos recientes y en poblaciones tanto anglófonas como hispanohablantes:

- American Academy of Pediatrics (2017). *Handheld Screen Time Linked with Speech Delays in Young Children*. Disponible en <https://www.healthychildren.org/English/news/Pages/Handheld-Screen-Time-

Linked-with-Speech-Delays-in-Young-Children.aspx>.

- Duch, Helena et altri. (1 de julio de 2013). *Association of Screen Time Use and Language Development in Hispanic Toddlers: A Cross-Sectional and Longitudinal Study*. <https://journals.sagepub.com/doi/abs/10.1177/0009922813492881>

[8] Varios estudios al respecto se pueden consultar desde este artículo: Jabr, Ferris. (8 de diciembre de 2011). *Cache Cab: Taxi Drivers' Brains Grow to Navigate London's Streets*. Scientific American. <https://www.scientificamerican.com/article/london-taxi-memory/>

[9] La fuente original es la FAO, pero un buena síntesis gráfica se encuentra en <https://ourworldindata.org/agricultural-land-by-global-diets>

[10] Ibíd.

[11] Gustavson, J. et altri. (2011). *Global Food Losses and Food Waste*. FAO. <http://www.fao.org/3/mb060e/mb060e.pdf>

[12] Los datos son recopilados de varias fuentes, extraídos de *Fast Fashion Facts*. 7Billion for 7Seas. <https://7billionfor7seas.com/fast-fashion-facts/>

[13] Se pueden ver todas en <https://www.ted.com/speakers/hans_rosling>

[14] Our World in Data. *Employment in Agriculture*. <https://ourworldindata.org/employment-in-agriculture>

[15] Íbid.

[16] Banco Mundial. *Empleos en agricultura (% del total de empleos)*. <https://data.worldbank.org/indicator/SL.AGR.EMPL.ZS>

Escrito en la Ciudad de México, abril del año 2020.